海洋环境监测

唐兆民　著

延边大学出版社

图书在版编目（CIP）数据

海洋环境监测 / 唐兆民著. — 延吉：延边大学出版社，2017.5

ISBN 978-7-5688-2586-3

Ⅰ. ①海… Ⅱ. ①唐… Ⅲ. ①海洋环境–环境监测 Ⅳ. ①X834

中国版本图书馆 CIP 数据核字（2017）第 114771 号

海洋环境监测

著　　者	唐兆民　著
责任编辑	田莲花
装帧设计	中图时代
出版发行	延边大学出版社
地　　址	吉林省延吉市公园路 977 号，133002
网　　址	http://www.ydcbs.com
电子邮箱	ydcbs@ydcbs.com
电　　话	0433-2732435　0433-2732434（传真）
印　　刷	廊坊市海涛印刷有限公司
开　　本	710 mm ×1000 mm　1/16
印　　张	9.75
字　　数	246 千字
版　　次	2017 年 5 月第 1 版
印　　次	2018 年 11 月第 1 次
书　　号	ISBN 978-7-5688-2586-3
定　　价	40.00 元

目　录

第一章 海洋环境概述

有关海洋环境方面的基础知识很广,这里主要针对与后述内容关系比较密切的一些基础知识作一简介。如海洋环境的特点、海洋环境的类型、海洋环境的影响因素以及海洋环境的自净能力等。因为明确了这些基础知识后可以较好地理解后续内容。

第一节 海洋环境的特点

海洋环境的含义,从广义的角度来看,是指地球上连成一片的海和洋的总水域,包括海水、溶解和悬浮于水中的物质、海底沉积物以及生活于海洋中的生物。由此可见,海洋环境是一个非常复杂的系统,在不同的学科中,海洋环境一词的科学意义也不尽相同。

海洋环境作为环境的一种特殊类型,除了具有一般环境的一些基本特性之外,还具有自身一些特殊性,从环境的自然属性和功能考虑,海洋环境至少有下列三大特点。

一、整体性和区域性

海洋环境的整体性,是指海洋环境的各个组成部分或要素构成一个完整的系统,故又称为系统性。系统内的各个环境要素是相互联系、相互影响的。海洋环境的区域性或称区域环境,是指环境特性的区域差异,不同地理位置的区域环境各有其不同的整体特性。海洋环境整体性和区域性的这个特点,可以使人类选择一条包括改变、开发、破坏在内的利用自然资源和保护环境的道路。例如,海洋生态环境是海洋生物生存和发展的基本条件,生态环境的任何改变都有可能导致生态系统和生物资源的变化。海洋环境各要素之间的有机联系,使得海洋环境的整体性、完整性和组成要素之间密切相关,任何海域某一要素的变化,都不可能仅局限在产生的具体地点上,都有可能对邻近海域或者其他要素产生直接或间接的影响和作用。这是因为生物依赖于环境。环境影响生物的生存和繁衍。但当外界环境变化量超过生物群落的忍受限度时,就会直接影响生物系统的良性循环,从而造成生态环境的破坏。

二、变动性和稳定性

海洋环境的变动性,是指在自然和人为因素的作用下,环境的内部结构和外在状态始终处于不断变化之中。而稳定性,是指海洋环境系统具有一定的自我调节能力,只要人类活动对环境的影响不超过环境的净化能力,环境可以借助自身的调节能力使这些影响逐渐消失,令其结构和功能得以恢复。

三、海洋环境的容纳性

因为全球海洋的容积约为 $1.37×10^9 km^3$,相当于地球总水量的97%以上。海洋作为一个环境系统,其中发生着各种不同类型和不同尺度的海水运动或波动,都是海洋污染物输运的重要动力因素,任何排入海洋的污染物通过海洋环境自身的物理、化学和生物的净化作用,能使污染物的浓度自然地逐渐降低乃至消失,但海洋的净化作用是有限的,超过海洋生态系统的自净能力必然引起海洋生态系统的退化。

同时,海洋环境又是全球环境中处于十分重要和突出的地位,它不仅是地球上一切生命的发源地,而且还拥有丰富的生物资源,是地球生物多样性最丰富的地区。海洋每年给人类提供食物的能力相当于全球陆地全部耕地的 1000 倍。如果不破坏生态平衡,海洋每年可提供 $30×10^8t$ 水产品,至少可以养活 300 亿人口,因此,保护海洋生物的多样性,维持海洋生态的健康与完整,对保护全球生态环境具有举足轻重的意义。这也是海洋环境的特点之一。

第二节　海洋环境的类型

地球表面约有 70% 被海水覆盖,但由于地球表面起伏不平,构造各不相同,而且海洋各处的深度存在很大差别。同时还受到大陆地形、地势的影响,经过海洋与陆地漫长的相互作用,从而形成了各种各样的海洋环境类型。如,潮间带海洋环境、河口海洋环境、海湾海洋环境、浅海海区海洋环境以及大洋海区海洋环境。这些不同类型的海洋环境都有自己的环境特征。

一、潮间带海洋环境

潮间带位于平均大潮的高低潮位之间的地带,是海洋与陆地之间的过渡地带。潮间带有自己的环境特征,同时潮间带有岩岸、沙滩和泥滩及其混合过渡底质等类型。

(一)潮间带海洋环境的一般特征

由于潮间带交替暴露于空气中和淹没于海水中,所以潮间带区域是温度变化(包括日变化和季节变化)最剧烈的区域。由于蒸发、降水和大陆地表径流的影响,潮间带区域海水的盐度也呈现很大的变化幅度。潮间带区域受波浪和周期性潮汐过程的影响,冲刷作用非常明显。潮间带底质状况也很复杂,不同类型的底质栖息着与之相适应的生物,形成各具特点的生物群落,潮间带濒临大陆,污染物质容易在这里积累。

由于潮间带海洋环境的复杂多变,生活在这一区域的生物种类对环境的耐受性非常高。它们不仅对温度、盐度的变化有较大的适应性,而是对于干燥暴露亦有很大的耐受力,许多潮间带生物对干燥有特殊的适应方式,如很多种类有坚厚的外壳(例如滨螺)、有的能呼吸空气中的氧气(例如弹涂鱼)。耐受干燥的能力大小是潮间带生物垂直分布的主要原因。

(二)潮间带的底质类型

潮间带有岩岸、沙滩和泥滩及其混合过渡的底质类型,各种类型都有自己的特点。

1. 岩岸潮间带

岩岸潮间带底质为坚硬的岩石,海水流动通畅,海水悬浮物较少。海水淹没和空气暴露交替过程是该生境最重要的环境特征,也是决定栖息于岩岸生物垂直分布的重要原因,岩岸潮间带生活的生物种类较多,包括海绵动物、腔肠动物、环节动物、软体动物、节肢动物、棘皮动物、原索动物、鱼类和众多的藻类。

2. 沙滩潮间带

这种潮间带出现在开阔而且水动力较强的海岸,海岸坡度不大,通常由不规则的石英颗粒或沙粒、破碎的贝壳组成。在海浪和海流的作用下,水平方向上形成近岸沙粒粗、远岸沙粒细的分布特点,而在垂直方向上形成底部粗上部细的分布特点。沙滩潮间带分布的生物种类很少,个体也小,常常隐蔽在沙粒之间,当被水流从沙中掀出时能够很快钻入沙中,沙滩潮上带主要栖息一些甲壳类动物,如端足类的圆柱水虱及沙蟹属的种类。

3. 泥滩潮间带

这种潮间带一般出现在有海岛屏障的内海、海湾和河口湾,这里波浪等引起的水体运动较少,滩涂和坡度比沙滩平坦,泥滩的基质主要是由细小沉积物颗粒形成的泥。有些潮间带基质是以泥为主,但含有一定分量的沙粒,则为沙泥滩。如果基质是以细砂为主,但含有一定的泥,则为泥沙滩。泥滩和沙泥滩表面以下的温度受海水温度影响较少,全年几乎保持恒定。海水对泥滩内部的盐度影响也较小。由于泥滩潮间带含有丰富的有机物质,加上稳定的底质环境,所以分布的生物种类和数量比较丰富。在底质表面,生活着大量的蓝绿藻、甲藻、硅藻等生物。

二、河口海洋环境

河口是海水和淡水交汇和混合的部分封闭的沿岸海湾,是海洋与河流两类水域生态之间的交替区和过渡带。广义的河口湾除真正的河口外,还包括半封闭的沿岸海湾、潮沼和在沿岸沙坝后面的水体。河口海洋环境的特征,可从三大类型分层现象中看出:①高度分层的河口湾,淡水容易浮在较重的盐水上面,这种分层现象使河口湾呈现"盐跃层"的盐度剖面;②局部混合或适度分层的河口湾,盐度剖面不明显;③完全混合或垂直均质的河口湾,河口处的水体由表层到底层充分混合而盐度相当高,盐度和温度的主要变化是水平的。由于河口受潮汐作用的影响强烈,同时也受河水的剧烈影响,所以河口生态环境多变迁。河口区的环境条件波动很大,是一个使河口生物承受环境压力的环境。

具体地说,河口海洋环境特征可从其海洋环境要素及其生物群落特点中看出。

(一)河口区域海洋要素及特点

河口区域海洋要素主要有:

1. 盐度

河口环境水体盐度的特点是呈现周期性变化。这种周期性变化首先与潮汐密切相关,其变化范围从高潮区至低潮区递减。但盐度的季节性变化与降雨有关。在热带和亚热带海区,通常低盐出现在春、夏雨季。高盐出现在秋、冬旱季;而温带水域,由于冰、雪融化时产生的淡水,低盐也可能出现在冬、春季。

2. 温度

河口区水体较小而表面积较大,河口区的水体温度变化范围也比开阔海区和相邻的近岸海区大,而且可能影响河口附近广阔的海域范围。由于河水冬冷夏暖,河水比海水更富有季节性变化,从而使河口水温在冬季比周围的近岸水温低,而夏季则比周围近岸的水温高,表层水比底层水温度变化范围大。

3. 混浊度

由于河口水体中有大量的悬浮颗粒,所以河口水体混浊度非常高,特别是在有大量河水注入的时期,导致水体透明度下降,影响浮游植物及底栖植物的光合作用和生长。混浊河水对河口区动物的呼吸也有重大影响,因为河水中悬浮的颗粒性物质容易堵塞动物的呼吸器官,同时也影响滤食性动物的滤食效果。

4. 底质和沉积物

由于入海河水中悬浮着大量的有机物质碎屑和粒径较小的泥沙颗粒,所以河口区的底质一般呈柔软的泥质底,具有泥滩环境的特征。而河口区沉积物中含有大量有机物质,可作为河口生物的重要食物来源。

5. 波浪和水流

由于河口三面被陆地包围,所以由风产生的波浪较小,从而成为一个比较平静的区域。大部分河口区都有连续的淡水注入,与海水进行不同程度的混合,即河口区的水流是受潮汐和陆地径流的共同影响。

6. 营养物质富集

河口区河水从陆地直接带来大量营养盐,同时河口区大量的有机物质还在细菌等生物的作用下分解,也产生大量的营养盐,因此河口区是一个生产力水平很高的区域。

7. 溶解氧

由于河口不断有淡水注入,河口区水浅,加上风浪的混合作用,从而使河口表层和上层水体中的氧含量非常充分,但由于有机物的分解作用明显,而且细菌和其他生物的生命活动消耗,从而使河口区的河水和底质中溶解氧的含量都比较低,同时河口沉积物中淤泥颗粒细又限制了沉积物间隙水与上面水体的交换,从而造成沉积物中严重缺氧(除了沉积物最上层几厘米之外),甚至是无氧环境。

(二)河口区域海洋生物的特点

河口环境条件比较恶劣,所以生物种类较少。广盐性、广温性和耐低氧性是河口生物的重要生态特征。河口区生物组成主要起源于三个方面:①大多数是来自海洋的种类;②已适应于低盐条件的半咸水的特有种类;③少数广盐性淡水生物种类。

河口植物区系非常贫乏。河口底质多为泥滩,不适合于大型藻类附着,河口区水体混浊,光线只能达到水体的浅层,较深的水层中往往没有植物存在。在河口湾的浅水区存在数量有限的植物,包括浮游植物(主要是硅藻、甲藻)、小型底栖藻类(主要是硅藻)、大型海藻(石莼、浒苔、刚毛藻等)和海草(大叶藻、海龟草、海神草等)、沼泽植物(红树植物、芦苇、大米草等)大型水生植物。其中,小型底栖藻类常被人忽视,其实底栖硅藻比浮游硅藻要丰富得多,它们甚至可以根据光照情况进行垂直移动。河口浮游动物的数量非常少,特点是季节性浮游动物种类较多,而终生浮游动物的种类较少。生活在河口区的动物多是广盐性种类,能忍受盐度较大范围的变化。例如,鲻科鱼类在全世界的河口湾中都有发现,泥蚶、牡蛎和蟹等主要经济种类都是在河口湾生活的。游泳生物中终生在河口区生活的只有鲻科鱼类等少数种类,而阶段性生活在河口区的却是大量的,因为很多浅海种类在洄游过程中常以河口区作为索饵育肥的过渡场所,特别是许多海洋经济动物的产卵场和幼年期(幼鱼、幼虾)的索饵育肥场都在河口附近水域,如鳗鲡、河蟹等降海洄游生物以及梭鱼、对虾、大黄鱼、小黄鱼等在河口进行生殖的鱼类。

河口生物群落的特征之一是种类多样性较低,而某些种群的丰度却很大。这是因为河口的温度、盐度等环境条件比较严酷,所以能适应这里生活的种类较少。例如,河口盐度低,使得很多海洋和淡水种类无法忍受这种盐度变化的情况,难以在河口生存,但是河口可为适应这种多变环境的种类提供丰富的食物,因而产量很高。

三、海湾海洋环境

海湾是被陆地环绕成明显水曲的水域,是海洋的边缘部分。广义的海湾是指海洋深入陆地形成明显水曲的水域。海湾是海洋生物生产力较高的区域之一,蕴藏着丰富的资源,有着优越的地理位置和独特的自然环境,是人类认识海洋、开发海洋和保护海洋的首选区域。

海湾的环境,有的是朝向外海大洋,海洋波浪和潮汐的作用对其影响很大,有的海湾处于相对封闭的内海,波浪、潮汐的影响相对较小,海湾还被陆地环绕,它受陆地环境影响的强度剧烈,因此海湾水域的环境状况与一般海洋不同,同时又由于海湾在成因、平面形状、大小、深度、海底地貌以及与外海的隔离程度和气候条件等各不相同,而且海湾的不同区域,环境特征也有明显差别,所以不同的海湾往往都有自己的特点。下面着重介绍海湾的水文特征和生物特征。

(一)海湾的水文特征

海湾的水文要素主要有水温、盐度、透明度、水色、悬沙和冰等。这些要素的结构和变化主要取决于太阳辐射、沿岸流的消长和气象因素的影响。由于这些影响因素具有明显的日变化、季节变化和年变化,所以海湾的水文要素同样具有明显的日变化、季节变化和年变化的特征。但由于陆地的影响,外海水流入等因素的作用,海湾水文要素的结构和变化非常复杂。

海水的温度主要取决于太阳辐射、气象因子和沿岸流消长的影响。而影响海水盐度的主要因子为入湾径流的多寡、蒸发量和降水量之差、环流的强弱和水团的消长等。海湾海水的悬沙量、水色、透明度等要素跟入海径流、海洋生物的分布与变化、潮流、波浪、海岸形态以及人类活动有密切关系。海冰则主要出现在中高纬度地区的海湾。

湾口开阔、面积和深度大,纵深小的海湾水文特征常与湾外海洋一致。难以形成自身独立的水文特征。而湾口宽阔、面积和深度大,但纵深也大的海湾因受沿岸陆地气候和河流注水的影响,水文状况略异于外海。

湾口小或湾口有槛,与外海隔离程度大的海湾,会阻碍湾内海水与海洋水体的交换,导致海湾内水体运动滞缓,溶解氧不足,湾内海水温度容易受气候影响而波动较大,同时盐度、水色和透明度等要素也会由于陆源影响而发生显著变化。但是湾口外海流、湾内河水注入和地方风的影响,可以形成独立的海水循环。

深度向湾顶逐渐减小的喇叭形海湾,容易形成涌潮,使湾顶的潮差比外海大数倍,如杭州湾的钱塘潮,最大可达8.87m,而在长又浅的海湾内,当有风从外海吹入时,容易形成暴风涌浪,使水位剧增,引起水灾。长海湾或有槛的海湾。湾底易于淤泥堆积,因此这类海湾海水往往比较浑浊,透明度很低。

在河口海湾,湾水易被河水淡化。而在干旱地区的海湾。海水蒸发强烈,又很少有河流注入,则盐度常很高。干旱地区的浅海湾,还含有碳酸钙沉积发生。

(二)海湾的生物特征

这个特征与海湾环境的具体情况是分不开的。例如,湾口较开阔、能与外海海水进行自由交换的海湾,其生物特征大体上与相邻的海洋相一致,而一般海湾受陆地包围,陆地入湾径流量大,径流携带大量营养物质进入海湾,使海湾水质肥沃,为生物的生长繁殖创造良好条件,但海湾由于受到大陆影响,水域环境变化剧烈,从而造成动植物区系组成比较简单。种类不如大陆架中、下部或某些陆坡上部丰富。然而,由于海湾水体肥沃,某些生物大量发展并占优势。因此海湾水域多是生产力高、生物资源丰富的区域。

海湾生物的种类是随海湾所在位置而有区别,但生物的种类和数量一般都比较大,其原因有下面三个:①海湾湾首多有比较低平的浅滩,而且多数海湾除湾口岬角附近外,这种低平浅滩的范围还比较大,如泥沙滩是蠕虫类、软体动物和蟹类最好的繁衍生息场所;②海湾被陆地环绕,陆源物质尤其是河流带进海湾的各种营养物质多,而且又不易流失,从而使湾内的浮游植物生产量大,为湾内动物的生长提供丰富的饵料,有利于湾内各种动物的生长;③海湾内风浪比较平静,有利于湾内许多动物的产卵和繁殖。但是,海湾地区人类活动频繁,海洋环境容易遭受破坏,这样就直接威胁湾内海洋生物的生存。

四、浅海海区海洋环境

浅海海区是指海岸带海水深度较小的区域,包括从潮间带下限至大陆架边缘内侧的水体和海底,它的平均深度一般不超过 200m。

(一)浅海海区海洋环境的一般特征

浅海海区受大陆影响较大,水文、物理、化学等要素相对于大洋区复杂多变,并且有季节性和突然性变化的特点。例如,浅海海区由于水较浅,温度变化受大陆的影响较大,而且昼夜温差也大。不同纬度的浅海海区海水温度的变化各有自身的特点。而对于盐度方面来说,浅海区也在不同程度上受降水和径流的影响而呈现季节性变化,这些变化的程度从近岸向外海方向逐渐减弱。因此它的盐度要低于大洋区,特别是在汛期的河口区域。而浅海海区的海流通常有沿岸流和受大洋流系侧支的影响,例如,我国沿岸有很多河流入海,这些大陆淡水在沿岸浅水区域与外海水混合形成明显的沿岸流,包括渤海沿岸流、黄海沿岸流、东海沿岸流和台湾海峡沿岸流。另外,黑潮暖流及其在大陆架上的分支也自南向北流经沿岸浅海区。同时沿岸区往往还有一些风生或地形因素产生的上升流,将海底底质中的营养物质带到上层水体,使该水体生产力水平提高,生物资源丰富,而且平均食物链较短,所以终级产量比大洋区高得多,常形成重要的渔场。

(二)浅海海区海洋生物的组成和分布特点

由于浅海海区受大陆影响,水文等各种要素相对比较复杂,因此海洋生物(特别是底栖生物)的组成和分布影响很大。例如,浮游植物由于得到足够的营养盐,初级生产力水平比大洋区高;浮游动物食物充足,种类繁多。在海底生活的底栖硅藻和大型海藻是本区的重要底栖植物,在北温带和温带潮下带的硬质底部,常生长着繁盛的褐藻类组成的大型海藻场。在潮下带软质海底上,常存在高等植物(如大叶藻)形成的海草场。在底栖动物中,几乎各个生物门类都有物种在该区分布,浅海海区的游泳动物包括各种鱼类、大型甲壳类、爬行类、哺乳类和海鸟等。其中鱼类是该区经济价值最高,产量最大的游泳动物。

五、大洋海区海洋环境

大洋海区是指大陆缘以外深度较大、面积广阔的区域,包括水体环境和海底环境。大洋海区相对于近岸浅海海区而言。由于大洋海区不受大陆的直接影响,其环境相对稳定。

(一)大洋海区海洋环境的一般特征

大洋海区大部分海水表层水体阳光充足,光在海水传播过程中,由于吸收和散射、光线只能透至海水的一定深度,形成很浅的透光层,透光层的下方是大洋最主要的部分,那里光线微弱或因无光,成为很厚的无光层。

大洋海区表层温度随纬度变化显著,而随经度变化较小,由于表层水温受大气的影响,昼夜温差较大。在表层水和深层水之间常有温跃层存在,其厚度从几百米至上千米。在温跃层的下方,水温低、变化小,在1500m深的水域,水温基本上是恒定的低温,一般在-1℃至-4℃。

大洋海区的盐度基本上是稳定的,但在不同海区表层海水盐度高低不同,其数值受年降水量和年蒸发量之差的影响。由于制约盐度因子的影响随深度逐渐减弱,因此大洋深处盐度分布几近均匀。

大洋海区海水中的压力随深度的增加而增加,深度每增加10m,压力即增加1个大气压,大部分深海区的压力在200~600个大气压范围。

大洋海区表层海水溶解氧含量较高,都接近饱和状态,在500~800m之间是出现溶解氧最小值的水层,这是由于生物的呼吸消耗和缺少与富氧水交换的原因。大洋更深的水体是由北极和南极富氧表层冷水下沉而来的,加上深水区生物数量少,氧的消耗相应减少的缘故,所以含氧量增高,而在深海底部,氧含量又有下降,因为那里生物栖息密度相对高一些,但海底沉积物的分解又消耗了部分溶解氧。

(二)大洋海区海洋生物群落的特征

在大洋上层的透光层内,主要有浮游植物和光合微生物,其中以"微微型浮游植物"占优势。在贫营养的大洋区,蓝细菌和固氮蓝藻是重要的自养性浮游生物,这些都为大洋海区的动物提供食物来源。大洋上层的动物最为丰富,经济价值比较大的有乌贼、金枪鱼、鲸类等。大洋中层(200~1000m)的浮游植物主要是大型磷虾类,它是重要的食物链环节,常与鱼类(主要是鲸类)结成大群,形成深散射层,这一层的鱼类大约有850种。由于大洋海区初级生产者个体都很微小,因而大洋水层食物链长,营养物质基本上可再循环。

在大洋深处无光带深海没有浮游植物等初级生产者生存,分布在那里的是一些微生物和海洋动物,那里的动物多为肉食性和腐食性动物,能够捕食其他动物或利用从上层沉降下来的有机碎屑和生物尸体获得能量。深海鱼类有深海鳗、宽咽鱼等。无脊椎动物主要有甲壳类、多毛类和棘皮动物等。深海底栖动物的多样性水平很高,大部分门类都有深海底栖种类,在万米以上的海沟里也发现有海葵、多毛类等足类、端足类、双壳类等。可见,压力和寒冷似乎不是海洋动物生存的障碍。深海动物的数量随深度增加而递减,绝大部分水域的生物量都在18/m² 以上,只有与大陆架相毗邻的深海和高生产力区的深海海底,生物数量才比较丰富。

第三节　海洋环境的人为影响因素

影响海洋环境变化的因素很多,有些变化是由于海洋环境内部原因引起的自然变化,有些变化则是来源于海洋环境的外部影响,而气候变化和人类活动是引发海洋环境变化的最大外在动力。

气候变化对海洋环境的影响,最突出的是气温升高的影响。由于温室效应等原因导致的全球气候变暖不仅对陆地生态系统造成巨大影响,而且对海洋生态环境也产生了巨大生态效应,最明显的例子是两极冰雪消融,地球上冰川覆盖面积减小。同时全球变暖造成海洋混合层水温上升,这两种效应最终都导致海平面上涨。海平面的这一变化都会给沿海地区带来影响和灾难,如部分沿海地区被淹没、海滩海岸遭侵蚀、地下水位升高导致土壤盐渍化、海水倒灌与洪水加剧、损坏港口设备和海岸建筑物、沿海水产养殖受到影响以及破坏沿岸地区供排水系统等。这就告诉人们,不要小看气候变化给海洋环境带来破坏和灾难。而海洋外部的影响,如人类活动引发的海洋环境变化,虽然情况复杂,范围也广,但人们可以控制,可以减少给社会带来灾难。为此,这里着重先介绍筑堤建坝与海岸侵蚀、填海造地、海洋污染等情况而后再论述如何防治等内容。

一、筑堤建坝与海岸侵蚀

海岸泥沙的不断补充供给是沉积海岸地貌和保持海岸稳定的必要物质基础,海岸泥沙来源的减少或破坏均会使原本极为脆弱的海岸受到威胁和破坏,尤其是在河流上和港湾内筑堤建坝,致使补充海岸的泥沙数量急剧减少,水体交换能力减弱,从而导致海岸的侵蚀与破坏、生态环境改变、功能作用降低和生产力下降。这里,我们引证国内外的几个典型事例予以说明。

最典型的是埃及于 1959 年在尼罗河上兴建阿斯旺水坝。水坝兴建之前,尼罗河每年携带 $1.24×10^8$ t 泥沙入海,其中约 $1000×10^4$ t 堆积在洪泛平原,形成宽约 100km 的肥沃的三角洲。常年的河水不仅使沉积中的盐分得到清洗,而且又将盐分和营养物质带入河口附近水域,这大大有利于浮游生物的繁殖,从而形成了著名的沙丁鱼渔场。水坝建成后,河水不再泛滥,但尼罗河水中所携带泥沙的 98% 和有机物质却沉积于水坝内的水库底,从而使尼罗河下游两岸耕地失去肥源,三角洲流域因没有河水洗盐使得土壤盐渍化程度日趋加重。与此同时,河口附近的近岸水域因缺乏河水携带的有机物质的补充而使水域营养成分变得很少。因此浮游生物数量明显下降,使原有的 47 种经济鱼类只剩下 17 种,减少了约 64%,其中沙丁鱼的产量从 1965 年水坝未建成之前的年产量 15000t,至 1968 年减少到 500t,水坝 1970 年建成后的 1971 年近海水域沙丁鱼几乎绝迹。另外,自从水坝建成后,原来奔腾不息的尼罗河下游变成了静止的湖泊。这一环境为病原体中间宿主钉螺和疟蚊的繁殖,提供了有利和必要的环境条件,结果使尼罗河流域血吸虫病的发病率高达 80%~100%,疟疾患者也就明显增多。这一事实充分说明尼罗河流域阿斯旺水坝的建成固然有利于农业的灌溉和工业的现代化发展,但却破坏了尼罗河流域的生态平衡,最后导致一系列自然界对人类的惩罚。

我国山东省荣成山卫附近的马山港是一个呈椭圆形的半封闭型海港,平均水深 2m,面积 4284 亩(1 亩 = 0.0667hm²),东侧有湾口与荣成湾相连。由于自然生态条件优越,海草生长繁茂,海参资源丰富,形成了以刺参为优势种、生产力很高的海草场生态系统和天然的海参增殖场,刺参栖息密度每平方米达 4~12 个,最高每平方米达 20~30 个。1970 到 1976 年平均产量干品高达 1850kg,而且全部达到国家一级产品规格。可是,在 1979 年以扩大湾内水域面积、增加养参水域和防止幼参跑出湾外为理由,任意在湾口兴建了一条长 400m 的石堤以调节和控制水量,结果因闸门门狭小,流速和流量明显减少,淤积严重,遇到汛期大量淡水涌入湾内仅靠闸门又不能在短时间内进行水体的充分交换,致使湾内水体盐度急速降低,从而引起生态环境的一系列改变,最后导致海草大量死亡腐烂,海草数量越来越少,草场萎缩,海参产量也就随之急剧下降。

又如,福建省厦门刘五店附近浅海水域,原是世界闻名的文昌鱼的产地,但自 20 世纪 60 年代后期集美海堤建成之后,致使沉积物性质由沙砾石变成淤泥,生态环境条件的改变,最后导致刘五店附近海洋文昌鱼绝迹。

二、填海造地

填海造地对海洋环境的影响,据史料记载,至20世纪80年代末,我国沿海围海造地的面积约有120×10⁴km²,如胶州湾是我国北方沿海著名的内湾,1928年胶州湾当时水域总面积为560km²,而后至1958年的30年中,湾内总水域面积减少了25km²,年递减率约为0.15%。1958年之后的30年中却又减少了145km²,年递减率约为0.9%,如表1-1所示。

$$表1-1\quad 胶州湾水域总面积变化状况$$

年份	总水域面积/km²	年度平均潮差/m	平均纳潮量/×10⁸m³	资料来源
1928	560			《胶州志》
1958	535			山东省水利厅
1971	452±1	2.59	9.89	1971年版地形图
1977	423			1977年版地形图
1986	403±1	2.68	9.23	TM861105卫星图像
1988	390±1	2.74	9.21	TM881025卫星图像

分析胶州湾水域面积减少的原因可以归纳为自然因素变化和人类开发利用的两个方面。胶州湾形态变化主要还是自然因素变化的影响,而人为因素的影响,如1971到1978年由于填海造地用于盐田扩建、水产养殖、扩建工厂、仓储和码头,从而使海湾的西北部水域减少了28.6km²,东北部减少15.1km²,东岸减少6.6km²,西南部减少9.81km²。胶州湾水域面积减少的直接后果是纳潮量的明显减少(见表1-1)。从而减弱了海域水动力的强度和水体交换能力,最后增加了海域的污染程度和泥沙的进一步淤积。

三、海洋污染

海洋污染是指人类直接或间接由向大洋和河口排放的各种废物或废热,引起对人类生存环境和健康的危害,或者危及海洋生命(如鱼类)的现象。严重的海洋污染,导致海水富营养化,赤潮频发,海洋生物质量降低,物种消失,海洋初级生产力下降,影响到海洋生态系统持续发展。

(一)海洋污染的原因

海洋污染主要由下列几方面因素造成:①工业废水排放。伴随沿海经济的快速发展,工业生产给环境造成的压力空前加大,工业废水通过河流、沟渠、管道最终进入大海。虽然近几年政府加强了管理,但总体环境污染没有明显改变。②农业生产污染物的流失。我国是农业大国。目前在农药、化肥和其他农资产品的制造量和使用量都居世界前列,但我国农药、化肥的品种、质量和施用方式却依然相当落后,其中约60%是以污染物的形成流失于土壤和水环境中,构成了以氮、磷为主要特征的污染源。③生活污水排放。城市生活污水的排放量,随着人口的增加,生活质量的提高,正以较快速度上升。尽管近年来污水的排放总量基本维持不变,但由于生活污水的收集和处理设施没有得到多大程度的改善。生活污水的实际处理率和处理水平极低,生活污水的无序排放和污染分担率上升较快,这些污染物最终也汇入海洋。④船舶污染。船舶造成的污染主要表现在:洗舱污水排入海洋、含有污油的机舱污水未经处理排入海洋、船舶发生海上事故(如船舶碰撞、搁浅、触礁等)使各种污染物质对海洋造成污染。⑤石油开发污染。海洋石油开发对海洋造成污染的主要表现有:生活废弃物、生产废弃物和含油污水排入海洋、意外漏油、溢油、井喷等事故的发生、人为和自然过程中产生的废弃物和含油污水流入海洋。石油进入海水中,对海洋生物的危害极大(详见后述)。⑥大气来源污染。陆地污染物、工业废气、生活废气进入大气,然后通过自然沉降或通过降雨进入海洋,对海洋生态环境造成污染,通过这种途径进入海洋的污染物质比较复杂,污染物质种类又具有地区性差异的特点。

(二)海洋污染的物质种类

海洋污染物依其来源、性质和毒性,可以分为下列几种类型:①石油及其产品。②金属和酸碱,包括铬、锰、铁、铜、锌、银、镉、锑、汞、铅等金属,磷、砷等非金属以及酸和碱。③农药。主要由径流带入海洋。④放射性物质。主要来自核爆炸、核工业或核舰艇的排污。⑤有机废液和生活污水。由径流带入海洋。严重的可形成赤潮。⑥热污染。主要来自发电厂、核电站和其他工业的冷却水排放。热污染可以提高局部海区水温,使海水溶解氧的含氧量降低,影响生物的新陈代谢,甚至使生物群落发生变化。⑦固体废物。包括工程残土、垃圾及疏浚泥等。后者可破坏环境和海洋生物的栖息环境。

(三)海洋污染的特点

海洋污染与其他污染相比较,有以下几个方面的特点:①污染源广。人类所产生的废物不管是扩散到大气中,还是丢弃到陆地上或排放到河水里。由于风吹、降雨和江河径流,最后多半进入海洋。例如,在室内喷洒的DDT,有一部分挥发到空中。另一部分降落到地面上,空气中的DDT随着大气的漂移会沉降到海洋,而降落到地面上的DDT随同垃圾移出室外后,经降雨、河水径流也会带入海洋。②持续性强。来自大气和陆地的一些诸如多环芳烃、农药等持久性有机污染物长期在海洋中蓄积着,并随着时间的推移,越积越多。DDT进入海洋后,经过10~50年才能分解掉50%。进入海洋的污染物通过海洋生物的摄取进入生物体内,一般都有富集作用,所以生物体内污染物质的含量比海水中的浓度大得多。例如,把一只健康的牡蛎放到被DDT污染的海水中,一个月后其体内DDT的含量比周围海水的浓度高几千倍,而且还可以通过食物链关系进行传递和富集,造成更大危害。③扩散范围大。进入海洋的污染物,可以通过潮流进行混合,通过环流输送到很远的海域、扩散到外洋或邻国领海水域。④污染控制难度大。由于海洋污染的上述特点,决定了海洋污染控制的复杂性,因而要防止和消除海洋污染难度就大了。为此必须进行长期的监测研究和综合治理。

(四)海洋污染的结果

海洋污染导致海洋环境恶化,从而引起海洋生态系统结构的变化,影响海洋生态系统功能的实现。海洋环境的恶化,直接受害的是海洋生物资源,制约海洋生物资源的可持续利用,同时也阻碍我国海洋经济发展的重要因素。

有学者曾作过初步估算,海洋污染每年给我国海洋生物资源造成的损失可达100亿元人民币。更令人担忧的是,经济鱼虾类的产卵场、索饵场和育肥场环境的恶化,海洋生物资源得不到补充,许多水域的一些名贵海洋经济生物已经绝迹,幸存的海洋生物质量不断下降。海洋污染引起的海洋生物结构的变化,可以改变海洋生态系统的生产过程、消费过程和分解过程,从而影响海洋环境的物质循环。海洋污染引起海洋物理、化学和生物要素的变化和破坏海洋环境的平衡状态,致使海洋环境的自净能力受到影响。海洋污染可以改变海区的物理、化学状况,影响海洋环境中生物之间的信息传递和海洋景观,影响旅游业的发展。

第四节　海洋环境的自净能力

海洋环境自净能力,是指海洋环境存在许多因素能对进入海洋环境中的污染物通过物理的、化学的和生物的作用使其浓度降低乃至消失的过程。海洋环境自净能力对合理开发利用海洋资源,为保护海洋环境污染物排放标准以及监测和防治海洋污染具有重要意义。

海洋环境自净能力按发生机理可以分为物理净化、化学净化和生物净化。海洋环境自净能力的大小取决于其中的生物、物理和化学的动力学过程。这三种自净过程是相互影响,同时发生或相互交错进行的。由于不同海区自净条件的差异,净化能力的强弱不一。为此,要对各海区的物理自净、化学自净和生物自净的过程、机制和动力进行研究,为合理利用海洋净化废物的能力创造条件。但海洋环境自净能力是有限的,如果污染物质的浓度和数量超过了海洋环境的自净和容纳能力,便会使海洋环境遭到污染。因此,海洋环境自净能力与海洋环境容量关系密切。通常,环境容量愈大,对污染物容纳的负荷即愈大,反之愈小,环境容量的大小可以作为特定海域自净能力的指标。

一、物理净化

物理净化是海洋环境中最重要的自净过程。在整个海域的自净能力中占有特别重要的地位。它通过沉降、吸附、扩散、稀释、混合、气化等过程,使海水中污染物的浓度逐步降低,从而使海洋环境得到净化。海洋环境物理净化能力的强弱取决于海洋环境条件,例如温度、盐度、酸碱度、海面风力、潮汐和海浪等物理条件,也取决于污染物的性质、结构、形态、比重等理化性质。如温度升高可以有利于污染物挥发、海面风力有利于污染物的扩散,水体中颗粒黏土矿物有利于对污染物的吸附和沉淀等。而海水的快速净化主要依赖于海流输送和稀释扩散。在河口和内湾,潮流是污染物稀释扩散最持久的动力,如随河流径流携入河口的污水或污染物,随着时间和流程的增加,通过水平流动和混合作用不断向外海扩散,使污染浓度由高变低,可沉性固体由水相向沉积相转移,从而改善了水质。据史料记载,1972 到 1980 年排入大连湾的石油约 $17×10^4$ t,砷约 $1.2×10^4$ t,COD 约 $67×10^4$ t(COD 为化学需氧量,代表有机物在水体中的浓度)。这些污染物在物理净化的作用下,约有石油 $10.5×10^4$ t,砷 $1×10^4$ t,COD 约 $67×10^4$ t 输送出湾外,其扩散系数达 $1.2×10^5 \sim 3.8×10^6$。而在河口近岸区,混合和扩散作用的强弱直接受到河口地形、径流、湍流和盐度较高的下层水体卷入的影响。外,污水的入海量、入海方式和排污口的地理位置,污染物的种类及其理化性质、风力、风速、风频率等气象因素对污水或污染物的混合和扩散过程也有重要作用。

物理净化能力也是环境水动力研究的核心问题,研究物理净化的方法通常采用现场观测和数值模拟方法。近年,欧美、日本和我国学者曾分别对布里斯托尔湾和塞文河口、大阪湾、东京湾、渤海湾、胶州湾等做了潮流和污染物扩散过程的数值模拟。

二、化学净化

海洋环境的化学净化能力,是指通过海洋环境的氧化和还原、化合和分解、吸附、凝聚、交换和络合等化学反应来实现对污染物的降解,达到海洋环境的自净。影响化学净化的海洋环境因素有溶解氧(DO)、酸碱度(pH)、氧化还原电位(Eh)、温度、海水的化学组成及其形态。其中,氧化还原反应起重要作用,而海水的酸碱条件是影响重金属的沉淀与溶解。酚、氰等物质的挥发与固定以及有害物质的毒性大小,在很大程度上决定着污染物的迁移或净化,是化学净化的重要影响因素。污染物本身的形态和化学性质对化学净化也具有重大影响。当然,海洋环境的化学净化各个因素的影响不是完全独立的,有时是在多个因子共同作用下进行的,甚至是与物理、生物的过程同步进行。特别是海洋生态系统是由海洋环境要素和生物要素组成的互为存在条件的体系。水体中化学净化能力的强弱,一般情况下是多方面因素的总和作用的结果。

至于溶解氧在水体化学净化中的作用。可以这样理解:作为水体氧化剂的溶解氧,其含量高低则是衡量水体自净能力强弱的先决条件,因为溶解氧含量的高低不仅直接影响海洋生物的新陈代谢和生长,还直接影响水体中有机物的分解速率及水体中正常的物质循环。若水体中的溶解氧含量高,既对海洋生物的繁殖生长起促进作用,又能加快有机物的分解速度,使生态系中的物质循环,尤其是氮的循环达到最佳循环效果,提高海水的自净能力。与此相反,则会减缓有机物的氧化分解速度,使有机物的积累增多,从而导致水环境质量下降,直接影响海洋生物的繁殖和生长。氧含量丰富的海湾,为化学净化过程提供了极为有利的条件。例如,广西铁山港溶解氧的平均含量在 $6.30 \sim 8.03 mg/dm^3$ 之间,远高于一类海水水质标准,该海域的化学自净能力较强。

三、生物净化

海洋环境的生物净化,是指通过各种海洋生物的新陈代谢作用,将进入海洋的污染物质降解,转化成低毒或无毒物质的过程。如将甲基汞转化为金属汞,将石油烃氧化成二氧化碳和水等。进入海洋环境中的污染物质,入海后经物理混合稀释、对流扩散以及吸附沉降等和化学净化作用,使污染物浓度明显降低,但还需要海洋生物如微生物的直接作用和浮游动物等的间接作用,最终实现海洋环境净化。

影响生物净化的海洋环境因素有生物种类组成、生物丰度以及污染物本身的性质和浓度等。不同种类生物对污染物的净化能力存在着明显的差异,如微生物能降解石油、有机氯农药、多氯联苯和其他有机污染物,其降解速度又与微生物和污染物的种类及环境条件有关。如某些微生物能转化汞、镉、铅和砷等金属。微生物在降解有机污染物时需要消耗水中的溶解氧,因此可以根据在一定期间内消耗氧的数量多少以表示水体污染的程度。

生物净化最重要的是微生物净化,其基础是自然界中微生物对污染物的生物代谢作用。微生物在自然界中分布最广、种类最多、数量最大,而其最重要的一点是以影响水质好坏的有机物作为其营养来源。在生物净化过程中起直接作用。此外,微生物的代谢又具有氨化、硝化、反硝化、解磷、解硫化物及固氮等作用。能将有害物质分解为二氧化碳、硝酸盐、硫酸盐等,不仅净化了水质,而且还能为单细胞藻类的繁殖提供营养物质,促进藻类繁殖,在生物净化过程中起间接作用。一般来说,在溶解氧丰富的海域,微生物的数量越多,对水体的自净效果越好。

海洋浮游植物是一类微小的单细胞藻类,在生物净化过程中也起双重作用。如某些藻类具异养能力,可直接利用水中有机物作为氮源,在生物净化过程中起直接作用;而多数藻类则是通过光合作用,大量摄取二氧化碳,为海洋生物的呼吸及有机物的分解提供氧气。既促进了海洋生物的繁殖和生长,又可加快有机物的分解速度。此外,浮游植物吸收大量的无机营养盐作为其基础养分,不仅促进了自身的繁殖和生长,为水体提供更多的氧源,而且还可以减少水体中营养盐的负荷,防止海湾富营养化的发生,使水体始终保持良好循环状态,在生物净化过程中起间接作用。

许多海洋动物,可以直接摄食海水中和海底沉积物中的有机物质,使海洋环境中的有机污染物通过碎屑食物链的途径直接重新进入物质循环,减少了这些有机物质对海洋环境的污染。例如,许多杂食性的动物,像海洋贝类、多毛类中的许多种类,既可以摄食浮游植物,又可以摄食水中的有机碎屑。

总之,在海洋环境中,由于生物净化过程是一个与物理净化、化学净化过程同时发生,又相互影响的过程,因此在讨论海域生物自净能力时在很大程度上取决于该海域物理、化学自净能力的强弱,从而也就体现了这三者都是直接或间接地影响到海洋环境的净化能力上。

四、海洋环境容量

海洋环境容量,是指特定海域对污染物质所能接纳的最大负荷量。通常,环境容量愈大,对污染物容纳的负荷量即愈大;反之愈小。环境容量的大小可以作为特定海域自净能力的指标。

环境容量的概念主要应用在质量管理上。污染物质浓度控制的法令只规定了污染物排放的容许浓度,但却没有规定排入环境中污染物的数量,也没有考虑环境的自净和容纳能力。因此,在污染源比较集中的海域和区域,尽管各个污染物源排放的污染物达到浓度控制标准,但由于污染物排放总量过大仍然会使环境受到严重污染。因此,在环境管理上只有采用总量控制法,即把各个污染源排入某一环境的污染物总量限制在一定数值之内,才能有效地保护海洋环境以及消除和减少污染物对海洋环境的危害。

某一特定的环境(如一个自然区域、一个城市、一个水体等)对污染物的容量是有限的。其容量大小与环境空间、各环境因素特性以及污染物的物理、化学性质有关。从环境空间来看,空间越大,环境对污染物的净化能力就越大,环境容量也越大。

环境容量包括绝对容量(W_Q)和年容量(W_A)两个方面。绝对容量是指某一环境所能容纳某种污染物的最大负荷量。它与环境标准的规定值(W_S)和环境背景值(B)有关。数学表达式可以用浓度单位和质量单位两种表示形式。以浓度为单位表示的环境绝对容量的计算公式为:

$$W_Q = W_S - B$$

以质量单位表示的计算公式为:

$$W_Q = M(W_S - B)$$

式中,M 为某环境介质的质量。

年容量是指某一环境在污染物的积累浓度不超过环境标准规定的最大容许值的情况下,每年所能容纳某污染物的最大负荷量(W_A),年容量除了与环境标准的规定值和环境背景值有关外,还与环境对污染物的净化能力有关。如某一污染场对环境的输入量为 A(单位负荷量),经过一年以后被净化的量为 A',$(A'/A) \times 100\% = K$,K 为某污染物在某一环境中的年净化率。以浓度单位表示环境年容量的计算公式为:

$$W_A = K(W_S - B)$$

以质量单位表示环境年容量的计算公式为：

$$W_A = K \cdot M(W_S - B)$$

年容量与绝对容量的关系为：

$$W_A = K \cdot W_Q$$

对某一特定海域的环境容量，由于污染物不同，通常是依据污染物的地球化学行为进行计算。

(1)可溶性污染物是以化学耗氧最(COD)或生化需氧量(BOD)为指标计算其污染负荷量，通常采用数值模拟中的有限差分法，即通过潮流分析 COD 浓度物。

(2)重金属的污染负荷量是以其在沉积物中的允许累积量 M_1 表示，即

$$M_1 = (Si - S_O) \cdot A \cdot B \cdot W_C$$

式中，S_i 为沉积物中重金属的标准值；S_O 为沉积物中重金属的本底值；A 为重金属在沉积物中扩散面积；B 为沉积物的沉积速率；W_C 为沉积物的干容量。

(3)轻质污染物(如原油)的环境容量 M_2 则通过换算水的交换周期求得，即：

$$M_2 = \frac{1}{T}Q \cdot S_i + C$$

式中，T 为海水交换周期；Q 为某海域水深 1~2m 的总水量(油一般漂浮于 1~2m)水深；S_i 为海水中油浓度的标准值；C 为同化能力(指化学分解和微生物降解能力)。

第二章　海洋环境状况

海洋环境状况,是指河口、海湾、沿岸、近海水域的状况。由于国民经济的迅速发展,人们无序无度地开发,造成海洋生态环境破坏,从而带来危害。海洋环境破坏,直接受害的是海洋生物,间接地影响到海洋经济的发展和人体健康,所以很早就引起人们的关注。为此,本章着重介绍我国海洋环境现状,海洋环境污染及其危害以及海洋环境生态破坏及其危害。

第一节　我国海洋环境现状

我国海域辽阔,岸线漫长,岛屿众多,江河湖泊纵横交错,形成众多渔业生产的场所,海洋生态环境良好,但由于近年来我国工农业迅速发展,污水处理设施滞后,导致水域污染,同时由于无序无度开发造成生态环境破坏而带来的危害,致使我国海洋环境质量逐年退化。我国海洋环境状况总体表现为:近岸海区环境质量逐年下降,近海污染范围有所扩大;外海水质基本良好,重金属污染得到较好控制;油污染有向南部海区转移,营养盐和有机物污染有逐渐上升趋势;突发性污损事件频率加大,慢性危害日益显著;海洋自然景观和生态破坏加剧等,具体分述如下。

一、河口、海湾和近岸海区污染严重

我国沿海地区城镇密度大,人口集中,工矿企业千万多个,每年直接排入近海的生活污水和工业废水多达 $66.5×10^8t$ 以上,其中化学污水排放量最大,约占总排放量的 40%,随这些污水排入近海的有毒有害物质有石油、汞、镉、铅、砷、铬、氰化物等。全国沿海各地施放农药每年约 $20×10^4t$ 以上,若以 $1/4$ 入海计算,一年就有 $5×10^4t$ 以上,这些污染物危害范围广,尤其是东海的污染情况。例如,上海市每年约有 $2×10^8t$ 污水排入长江口和杭州湾,年排量超亿吨的排污口中就有 6 处。其中西区市政综合排污口以排工业废水为主,含有机物、挥发酚、油类以及氨氮、汞、铅、镉等多种污染物。在排放口附近海面常年形成一条宽 $300\sim500m$、长达 7km 的黑水带。这里原来是传统的银鱼渔场,由于海水污染严重,银鱼产量逐年下降,至今银鱼渔场彻底被破坏,今后也就无法在此捕鱼了。而南区市政综合排污口以排放生活污水为主,污水未经处理,有机物质和营养盐严重超标,在附近海面也形成一条面积超过 $10km^2$ 的黑水带。水中营养盐含量全部超过三类海水水质标准,最高超标 20 倍。更为严重的是,南区排污口污水中还含有大量细菌和病毒,在排污口外 2.5km 处,海水中大肠杆菌仍超出国家卫生标准 1 万多倍。东海沿岸的化工、造纸、医药、冶金、矿山、电镀、电气仪表等企业日排放污水量超过 300t 的有 196 个企业,因此造成渔场外移,近海赤潮时有发生。

再如,大连湾沿岸有 70 多处排污口,每年向湾内排放 3 亿多吨污水,约 $10×10^4t$ 污染物,占大连市排污总量的 90%。大连化学工业公司几十年来废渣排海,已将附近小海湾淤浅过半,不仅生物全部灭绝,也严重影响了大连造船厂 20 万吨级船坞的正常生产。大连湾排污口附近海域,海水含油最高超过国家《海水质量标准》三类标准的 25 倍,其他污染物超过三类标准也达 $7\sim76$ 倍。而底泥中污染物几乎全部超标,最高达 $10\sim25$ 倍,致使大连湾海产品产量连

年锐减,质量日趋恶化,海珍品资源濒于绝迹,养殖业陷于困境,赤潮年年发生。

又如,广东深圳大鹏湾沿岸一些工厂,尽管采取了污水处理手段,将排污口设置在一定深度的水下,利用海水自净能力对污水进行稀释,但近岸海域污染仍然相当严重。其中一家印染厂排污管道的排污口设置在水下 3~5m 处,然而各种颜色的污水仍然像泉水一样涌向水面。表层海水中 COD 含量超出当地环保部门规定的最宽排放标准 9 倍,BOD 超出 2 倍,悬浮物超出 4 倍。如今排污口附近海滩已变黑发臭,从而引发赤潮频繁发生。

与此同时,近海污染面积不断扩大,氮、磷等营养盐类污染明显。据全国海洋环境监测网多年的监测表明,我国近海海水主要受石油、氮、磷以及有机物的污染。其中,石油是近海的主要污染物之一,污染范围广。近年来我国四大海区油污染都有不同程度的上升趋势。污染比较严重的海区有长江口、杭州湾、舟山渔场、辽东湾北部、渤海湾西部等地,尤其是舟山渔场,油类的检出率达 100%,而且大多超过渔业水质标准,最局超标达几十倍,对渔业资源造成严重影响。而氮、磷等营养盐是我国近海近年来污染逐年加重的一类污染物,从而造成全国近海无机盐的超标率已达 70%以上,大面积海域遭到污染。长江口、杭州湾、珠江口海域、舟山渔场、辽东湾、渤海湾西部以及浙江部分近海是污染比较严重的海区,这就充分反映了我国近海污染范围不断扩大了。

二、赤潮、溢油以及病毒污损事件发生率越来越高

由于城市生活污水和富含有机物的工业废水大量排海,以及海水养殖业的迅猛发展,致使海水富营养化程度明显加重,赤潮时有发生。据不完全统计,1980 年到 1992 年间在我国海域共发生赤潮近 300 起,比 20 世纪 70 年代增加 15 倍,对海洋生物资源和渔业生产造成严重损害。例如,20 世纪末渤海发生大面积赤潮,波及辽宁、河北、山东 3 省和天津市的 7 个县,持续时间长达 72 天,大批养殖对虾死亡,海洋捕捞也深受其害,整个经济损失近 4 亿元。更有甚者,曾在福建东山岛居民因食用赤潮毒素污染的海产品而造成 136 人中毒,1 人死亡。

随着海上运输量的增加和海洋石油勘探开发的发展,海上溢油事故平均每年发生 506 起。而发生具有一定规模的溢油事故就有 115 起,其中外轮造成 22 起,国轮 57 起,无主油污染 36 起。例如,曾有巴拿马籍油轮"东方大使"号在胶州湾触礁搁浅,船体破裂,漏油 3340 多吨,污染了青岛港及附近海岸,重污染区面积达 1.5km²,风景旅游区海岸和滩涂以及第一、第二、第三、第六海水浴场,都受到了不同程度的污染,对旅游业和水产养殖业造成重大损失。又如,20 世纪末国轮"安福"号油轮在福建湄洲湾外触及水下不明物体,泄漏原油 500 多吨,造成湾内海域大面积污染。沿海近 30km 海岸线上的潮间带、礁石、滩涂和养殖的牡蛎、海带、紫菜以及网箱等养殖设施黏附大量原油。至于病毒污染造成的危害,最典型的例子是 20 世纪末上海、江苏等地因食用启东海域被甲肝病毒污染的毛蚶,仅上海一地就有 4℃ 万人患病,严重损害人体健康。这一病例再次告诉人们,平时少吃一些过滤性的海产品,因为近海滩涂是过滤性海产品摄食的区域,而近海滩涂至今仍然污染严重,容易造成类似事件的发生。

三、海洋自然景观和生态破坏触目惊心

不合理的围海、筑坝、河流建闸以及大面积挖砂采石,乱挖珊瑚礁、滥伐红树林等大量的非污染性的人为活动已经破坏了我国海洋自然景观和生态环境,而且愈演愈烈,造成了大范围的海岸侵蚀或淤积,破坏了海洋生态系统,减少了物种的多样性,加剧了自然灾害的程度,其危害

造成的损失不亚于海洋污染的损害。例如：

（1）广东省珠江口万顷沙附近的咸淡水交汇处，饵料丰富，是鲥鱼等经济鱼类生长、栖息的水域，由于围垦，使幼鱼失去了大片生长、育肥的场所。又如广东大亚湾是水产资源的自然保护区，湾内金门塘马氏珍珠贝苗尤为丰富，但在1990年为建设溴头港万吨级码头而开山填海，将这片珍贵贝苗天然保护区填为平地。同时在许多岛屿上因开发鸟类资源而过多捕鸟、过分采石、工业废物倾倒等，也使岛屿生态环境恶化，附近渔业水域环境变坏。

（2）海南省文昌市邦塘湾近万亩的珊瑚礁，遭到毁灭性的破坏。如1990年沿岸以珊瑚礁为原料的石灰窑达240座，水泥厂1家，以采挖珊瑚礁为业的就有1.6万人，年采量达 6×10^4 t，10年间3千米长的海岸侵蚀后退了320m，现在仍以每年20m的速度向陆侵蚀，造成房舍倒塌，村民迁移，沿岸3000多棵椰树和30多万棵其他树木被海水吞没。目前，海南岛沿岸的珊瑚礁已被破坏80%左右。

（3）我国原有红树林5万多亩，由于大规模围滩造田和肆意砍伐，现仅存1.6万亩。如海南岛陵水县新村港原有红树林3000多亩，10年前这一带还是树高林茂，候鸟成群，鱼虾随处可见，而现在红树林不仅面积减少了一半，且多为灌丛残林，部分地区已成光滩，候鸟绝迹，滩涂生物十分贫乏。红树林破坏给渔业带来的损害，是由于红树林自然掉落物较多，分解形成的有机物碎屑是浮游生物、底栖生物的良好饵料，而这些生物又是鱼、虾、蟹的食物，而且红树林又可分为鱼、虾、蟹躲避敌害的优良场所，如今砍掉红树林必然给渔业资源繁殖带来危害。

（4）至于乱挖砂带来的环境破坏，如山东蓬莱市登州镇附近浅滩，自1985年开始挖沙，至1991年共挖掉百万余吨，导致浅滩5m等深线以内面积由原来的 $3.6km^2$ 缩小为 $0.5km^2$，平均水深也降低了1.1m，致使海洋动力平衡遭到破坏，海岸侵蚀逐年加剧，大量土地遭侵，民舍、设施冲毁。由此引发全国首例海滩采砂损害诉讼案，法院裁决赔偿土地损失近百万元，并补偿护岸工程费150多万元。

第二节　海洋环境污染及其危害

海洋污染导致海洋环境恶化。海洋环境恶化的直接受害者是海洋生物，因为水质污染后可能产生大量鱼类中毒死亡，如氰化物和有机农药以及大量的有机物排入水体后大量消耗水中的溶解氧，使鱼类窒息死亡。当鱼类逆流而上到达一定区域产卵时，由于水质被污染后有的产卵区被破坏了，鱼为避开污染区而中途返回；有的鱼因水质污染而迷失方向，到不了产卵场，这样渔场就受到破坏，形不成鱼汛了。然而，形成水域环境污染的主要原因是工矿企业等排放的污染物，如石油、重金属、农药、有机物、放射性物质、工业热废水、固体废弃物等。这些污染物如何进入水域以及对渔业的危害，分述于后。

一、石油对海洋的污染及其危害

石油是海洋污染的主要物质，在港口、海湾、沿岸，在船舶的主要航线附近以及海底油田周围，经常可以看到漂浮的油块和油膜。我国近海石油污染严重，几年海域各种油污入海量每年高达144 000多吨，其中渤海油污染占42%，每年约有64 000多吨。石油污染范围广，对水生生物、沿岸环境和人体健康都有不良影响。

（一）石油污染的主要来源

沿岸工矿企业的排放废水、港口、油库设施的泄漏，船舶在航行中漏油，海滩事故，海底石油开采及油井喷油以及拆船工业的油扩散等。据统计,全世界每年由沿岸工矿企业排入海洋的石油约有 $500×10^4$ t;由海底石油及油井事故流入海洋的石油有 $100×10^4$ t;由船舶压舱水和洗舱水排入海洋的石油有 $80×10^4$ t;由船舶事故排出的石油有 $50×10^4$ t;经由大气输入全球海洋中的石油估计每年约 $5×10^4 \sim 50×10^4$ t,其中机动车辆的排污是大气中石油成分的主要来源;世界各国沿海城市随污水进入海洋的石油每年约有 $75×10^4$ t,此外,由城市地表径流携带入海的有 $12×10^4$ t,炼油工业污水排海 $10×10^4$ t,三者共计近百万吨;由河流将内陆地区人为活动产生的油污染物携带入海是海洋环境中石油的另一重要来源,估计全世界主要河流通过这一途径入海的石油约有 $4×10^4$ t;由城市石油污泥倾倒入海带入海洋中的石油约 $2×10^4$ t。

(二) 石油污染的危害

石油污染危害很大,尤其是严重的污染水域,会给海洋生物和海洋环境带来巨大危害和损失,其原因是原油中的碳氢化合物——石油烃,对大多生物具有毒性。石油污染海洋环境造成的危害,包括对海洋浮游生物、鱼类、底栖动物、海兽、海鸟以及对人体健康都造成危害,具体分述如下。

1. 石油污染对浮游生物的危害

浮游生物包括浮游植物和浮游动物,它的生产力大约占整个海洋总生产力的95%。浮游生物遭受污染损害,就等于从根本上动摇了整个海洋生物的基础。

海洋中的浮游植物与陆上的植物一样,都是靠光合作用生长和繁殖的。一旦海面有油膜存在,就阻挡了阳光的透射。浮游植物得不到充足的阳光,光合作用就会减弱,生产力就会下降。同时,溶解在海水中的石油,也同样会抑制浮游植物的光合作用。对此有人曾做过这样的实验,即把马尾藻放在每升只含 1mg 燃料油的海水中,5min 后就出现马尾藻发育迟缓。还有,浮游生物一旦遇上漂浮在海面的油膜,就会被黏住,失去了自由活动的能力,最后随油块一起冲上海滩或沉入海底。

2. 石油污染对鱼类的危害

海洋鱼类对油污染很敏感。当局部海区受到石油污染时,鱼类就会很快逃脱或回避。但当油污染面积很大,或者大量石油突然倾泻入海,鱼类就很难逃脱受害,因为这时鱼类在逃脱前鳃盖已被油膜黏住了,呼吸变得困难,最后窒息死亡。如在美国马萨诸塞州外海的一次溢油事故中,就有大量鱼类死亡。3d 后在这一海区捕到的鱼95%以上是死的。

溶解在海水中的石油,对鱼类危害更大。这是因为溶解在水中的石油通过鱼鳃或体表进入体内,并在体内蓄积起来,从而损坏了各种器官,如出现鳃上皮细胞脱落性病变和皮肤表层病变,引起表皮红肿、膨胀,甚至破裂。受油污染的鱼类,肝脏和肾也会发生异常,如酐醣和类脂物显著减少,肾也由黑红色变成淡黄色,并会使性腺成熟期紊乱,影响繁殖。

石油对鱼卵和仔鱼危害,更为明显。鱼卵除了被油膜黏住而不能孵化之外,即使孵化出来的幼鱼也多数是畸形的,生命力很低,而且只能活 1~2d。

3. 石油对底栖动物和海兽的危害

栖息在海底的底栖动物,如海参、贝类、海星、海胆等,它们不仅受到海水中石油的危害,而且还受到沉到海底的石油更大的危害。这类动物对石油极其敏感,比如妨碍贝类的管足伸缩,抑制卵的发育,使幼虫畸形。而且在一些石油污染比较严重的海区,捕上来的贝、蛤、蚶、蛏等煮热后常有一股浓烈的臭味。

生存在油污染区的海兽,如鲸类、海豚、海狮、海獭的嗅觉很迟钝,油污来了,不会回避和逃脱,依然大口大口地吞下海水,摄取食物,因此也大量地吞下油膜,从而影响其生存。

4.石油对海鸟的危害

海鸟是一种与社会生活关系密切的海洋动物。如海鸥、海鸭等喜欢成群结队地出现在繁忙的海洋运输线附近。然而,当海面出现油膜,石油就会很快黏住海鸟羽毛,破坏羽毛的结构和功能,因为羽毛不怕水而怕油。这样,海水就侵入了平时充满空气、疏松的羽毛空间,使海鸟失去了保温性能,并降低了浮力。受油污染严重的海鸟,既游不动也飞不起来,只能葬身于波涛中。即使它们勉强地挣扎上岸,也因羽毛推动御寒能力而被冻死,或者在用嘴整理羽毛时将石油一起吞入腹中,从而对胃肠造成严重刺激,使肝内脂肪变化,肾上腺扩大,海鸟变得厌食,慢慢饿死。油污染还会使海鸟蛋遭殃,即使孵化出海的雏鸟也会大多畸形。近年来,世界上一些海鸟产地消失,海鸟繁殖率下降,其主要原因就是海洋油污染。

5.石油污染会给环境和人体带来危害

流入海洋环境中的石油,由于自然降解和微生物分解,会消耗大量海水中的溶解氧。有学者做过试验:为了氧化1g石油,大约需要3~5mL的氧气,1L石油被完全氧化,要消耗$40×10^4$L海水中的氧气,相当于面积$1m^2$,深400m水柱中的全部溶解氧。海水严重缺氧,所有生活在海洋中的生物,从微小的浮游生物到庞大的海兽,都逃脱不了覆灭的命运。

海洋生物遭殃,水产资源破坏,最直接的后果是减少了人们赖以生存的动物蛋白的来源。二三十年来我国沿海水产资源衰退,渔场外移,传统经济鱼类不断减少,除了酷渔滥捕之外,就是海洋污染的后果。更值得人们注意的是,石油中的致癌物质通过海产品进入人体,其危害更加严重。

原油中一般都会含有一些致癌物质,如苯并芘、苯并蒽。这些物质很容易在海洋生物体内积累和富集。而且很难分解,有关资料记载,海洋食物中致癌物质的含量要比非海洋食物高几百至几千倍(见表2-1),因此人们食用污染的海产品就有可能将苯并芘等致癌物质摄入体内,最终危害人体健康。

表2-1　海洋食物与非海洋食物中致癌物质的含量

海与非海食物	食物种类	致癌物质含量/($\mu g/kg$)
海洋食物	格陵兰软体动物	60
	意大利贻贝	11~540
	法国牡蛎	70~112
	沙蚕属动物	2000
非海洋食物	植物油	0.1~1.5
	谷物	0.2~0.4
	猪排牛排	6~10
	熏腊肠	1.05

二、重金属对海洋的污染及其危害

重金属是指比重大于5的金属,污染水体的重金属主要有汞、铜、锌、镉、铬、镍、锰、钒等,其中汞的毒性最大,镉次之,铬等也是相当毒的。砷和硒虽然属非金属,但其毒性及某些性质类似于重金属,所以在环境化学中都把它归入重金属范围。

（一）重金属污染物的来源

主要有纺织、电镀、化工、化肥、农药、矿山等工业生产中排出的重金属废水,导入江河湖海。重金属在水体中一般不被微生物分解,只能发生生态之间的相互转化、分解和富集,重金属在水中通常呈化合物形式,也可以离子状态存在,但重金属的化合物在水体中溶解度很小,往往沉于水底。由于重金属离子带正电,因此在水中很容易被带负电的胶体颗粒所吸附。吸附重金属的胶体随水流向下游移动。但多数很快沉降。由于这些原因,大大限制了重金属在水中的扩散,使重金属主要集中于排污口下游一定范围内的底泥中。沉积于底泥中的重金属是个长期的次生污染源,而且难治理。每年汛期,河川流量加大和对河床冲刷增加时,底泥中的重金属随泥一起流入径流。

重金属排入海洋的情况和数量,各不相同,如汞主要来自工业废水和汞制剂农药的流失以及含汞废气的沉降。汞每年排入海洋约有 $1×10^4t$。铅在太平洋沿岸表层水中浓度与 30 年前相比增加了 10 倍以上,每年排入海洋的铅约有 $1×10^4t$。镉近年来海洋的污染范围日益增大,特别在河口及海湾更为严重。近年有的国家发现在 100 海里之外的海域也受到镉的影响。铜的污染是通过煤的燃烧而排入海洋。全世界锌每年通过河流排入海洋高达 $303×10^4t$。砷的污染,目前在海洋虽然较小,但在污染区附近的污染程度十分严重,这是由于海洋生物一般对砷具有较强的富集力,所以对人类的危害也较大。铬的毒性与砷相似,海洋中铬主要来自工业污染,在制铬工业中,如果日处理 10t 原料,那么每年将排入海洋约有 73～91t。

（二）重金属污染物的危害

重金属污染不仅对水生生物造成危害,而且还给人体健康带来极大的伤害,就重金属污染对渔业的危害程度来说,主要取决于该元素的性质和水生生物的种类,具体分述如下。

1. 汞污染的危害

海洋里的汞对鱼、贝危害很大,它们除了随污染了的浮游生物一起被鱼、贝摄食,也可以吸附在鱼鳃和贝的吸水管上,甚至还可以渗透鱼的表皮直到体内,而且鱼、贝对海水中的汞有很强的富集能力,有时体内的浓度比周围海水高出 10 万倍。汞一旦进入鱼、贝体内,使其皮肤、鳃和神经系统产生明显的变化,如游动迟缓,形态憔悴。

汞能影响海洋植物的光合作用,甚至可使海洋植物死亡。例如,每升海水中含有 0.9～6.0μg（1μg = 0.001mg）的汞,浮游植物就会死亡。对于大型的海藻,如果海水中每升含汞 100μg,4d 后也会失去光合作用的能力。

海鸟、海兽体内含汞超过一定标准就不能上市,因为海鸟、海兽是以鱼为食的,鱼受汞危害,必然影响到海鸟、海兽。据有关资料记载,生存在荷兰沿海的海豹,肝中含汞高达 225～765mg/kg。1970 年美国一家公司准备向市场投放一种来自北太平洋的海熊肝,但因肝中含汞每公斤高达 3～19mg,结果被禁止上市。

汞对人体危害更大。尤其是甲基汞,一旦进入人体,就几乎全被吸收,特别易在人体的肝、肾和脑里积累,据有关资料报道,因汞中毒死亡者,从其肝、肾、脑组织中检出含汞量比正常人高达几十倍至上百倍,这是因为甲基汞很容易与细胞中的硫氢基物质结合,使肝、肾受害,甲基汞还特别能损坏中枢神经,黏在脑细胞膜上,使细胞内的核糖、核酸减少,最后导致死亡。

2. 镉和铅污染的危害

镉一旦进入海洋，就会被海洋生物大量积累在体内，尤其是那些活动范围不大的鱼类和贝类。如，德国基尔港的贻贝中含镉 10~34mg/kg。海洋动物的内脏，镉含量更为惊人，如海獭的肾含镉高达 500mg/kg，扇贝肝脏含镉量可高达 2000mg/kg。镉一旦进入人体后很难排出，能在骨骼中"沉淀"，因此它具有潜在的毒性作用。长期接触低浓度的镉化合物，就会出现倦怠乏力、头痛头晕、神经质、鼻黏膜萎缩和溃疡、咳嗽、胃痛等症状。随后还会引起肺气肿、呼吸机能和肾功能衰退。慢性镉中毒会引起周身骨骼疼痛，骨质疏松或软化以及肝脏损伤。

然而，铅的毒性虽然没有像汞、镉那样强烈，而且海洋中铅的增多也不会立刻产生明显的危害，但是铅会对海洋生态平衡起破坏作用，也可能使一些海产品不能适用于人类食用。有学者认为，鱼体内的铅有 25% 是毒性比较强的四乙基铅，为此许多国家已经禁止在汽油中添加四乙基铅。实践证实，铅对人体的毒害是累积性的，在体内主要沉淀在骨骼中，也有少量贮存在肝、肾、脑及其他脏器中，当血液中含铅量超过每毫升 80μg 时，就会引起中毒。铅还是一种潜在的泌尿系统致癌物质，因此，如果人们过多食用被铅污染的海产品，就难免遭受到危害。

3. 铜和锌污染的危害

如果每升海水中含 0.1~10.0μg 的铜，不但对海洋生物没有危害，反而有一定益处，因为微量铜对动物的色素细胞的生长有作用，但铜的含量太高，就会产生危害，如每升海水中含有 0.13mg 的铜，牡蛎就会变成绿色，含量再高还会导致牡蛎死亡。

锌在海水中含量太高，也会引起牡蛎变绿，而且还会影响牡蛎幼体发育，1L 海水中的只要含有 0.3mg 的锌，牡蛎幼体的生长速度就有明显的减缓。当含量达 0.5mg 时，幼体发育就会停止甚至死亡。有些学者发现，含铜量高的海水，锌的含量也会较高，这样牡蛎变绿的机会就会大大增加，因为铜和锌在一起对牡蛎的影响会比它们单独存在时的影响大得多。

海洋中铜、锌的污染，还会对鱼类产生有害影响，虽然轻微的污染不至于毒害鱼类，但却会把鱼逼到其他比较干净的水域，这样就必然导致污染海区鱼类减少，造成渔场荒废，如果污染比较严重，对于一些活动范围不大的鱼类会造成鱼鳃和皮肤的腐蚀，导致呼吸困难，最终也会死亡。

三、有机物质和营养盐对海洋的污染及其危害

海洋植物的生长过程与陆上植物一样，都需要一定的营养成分，如碳、氮、磷、钾等，也需要某些微量的有机物和无机物。在自然的条件下，海水中都含有一定数量的上述营养物质和有机物，但分布不均匀，即海水有肥沃和贫瘠之分，在肥沃的海区，海洋植物繁茂，以它为基础的生物生产力较高，而在贫瘠的海区，海洋植物稀疏，生物生产力低下，因此在贫瘠海区适当加入一些营养盐，对提高海区生物生产力是有利的，但过多就会带来危害。

(一)有机物质污染的来源

有机物污染主要来自食品、化肥、造纸、化纤、鱼市场以及城市的生活用水。海洋中有机污染物除了小部分由航行船只排入的生活污水之外，绝大部分由沿岸、江河带入海洋，因此它的污染源都在沿岸。如黄渤海沿岸有食品厂、酒厂、屠宰厂、粮食加工厂等约 110 家，每年排出含富营养有机物的废水达 400 多万吨，沿岸城镇人口集中每年排出生活污水有 $36×10^8$t，仅上海市每个排污口排入东海的生活污水达 $45×10^4$t。此外，农业上使用的粪肥和化学肥料很容易被

雨水冲刷流失,最终也归入海洋,如北方沿海各县化肥使用量高达 70 多万吨,若以 20% ~ 40% 排入海洋,则也有 $10×10^4 t$ 至 $30×10^4 t$。在这些污水中有机物含量很高,给水域带来大量氮、磷等营养盐。适当的营养盐将增加水域的肥沃度,给渔业资源创造有利条件,但如营养盐过量,则水域富集营养化或产生缺氧,将危害渔业。

(二)有机物和营养盐污染的危害

早在 20 世纪 60 年代中期,联合国的一份调查报告就指出:"营养物质对海洋的污染是一个普遍存在的问题,对成员国进行的一次调查表明,49 个国家中有 32 个提到这个问题,其中既有发达国家,也有发展中国家"。可见,海洋有机物和营养盐污染的危害是很严重的,现归纳起来主要有:海水缺氧引起鱼、贝死亡;助长病菌繁殖,毒害海洋生物并直接传染人体;影响海洋环境,造成赤潮危害。具体分述如下。

1. 海水缺氧引起鱼贝死亡

海洋中过量的营养物能促使某些生物急剧繁殖,大量消耗海水中的氧气,同时有机质分解也需要大量溶解氧,因此营养盐和有机物污染的危害使海水缺氧,从而引起鱼、贝等海洋生物大量死亡,甚至使局部海区变成"死海"。例如,欧洲的波罗的海,波罗的海由于它的特殊地理位置和形态,深处海水中的氧气本来就比表层少,由于工矿企业的乱排污,流进波罗的海的有机物和营养盐逐年增多,深层海水中氧气的含量每况愈下,1900 年曾测得每升海水含氧 2. 5mg,1950 年仅为 1. 1mg,而后数年竟有几次氧的含量为零,相当大的范围成为无氧区,各种底栖动物全部死亡,成为"死海"。因此,从过量的有机质和营养盐入海,发展到无氧水层的形成,再发展到有毒气体的产生,最后成了"死海"。

2. 助长病菌繁殖、毒害海洋生物,直接传染人体

有机物中大量营养盐进入水域,细菌和病毒大量繁殖,病毒进入鱼体内直接影响其生长,有的通过食物链进入人体,影响健康,有机物污水中的纤维悬浮物与海水中的带阳电荷离子产生化学凝结,形成絮状沉淀。同时污水中大量的碳水化合物等由于细菌作用,最终形成硫氢、甲烷和氨等有毒气体,影响渔业水域环境。海水中的病毒还能使在海里游泳的人染上传染病。世界上许多著名的海水浴场都曾发生过游泳者海水浴后患病的事件。如黑海南部的伊斯坦布尔市,22 处海水浴场中有 7 处污染严重,每升海水中杆菌数量达到 50 万 ~ 5 亿个,因此被迫关闭。波罗的海沿岸,只有 2/3 的浴场水质符合规定,而且在海水中还检查出有沙门氏菌。在我国大连南部某处海滨浴场前几年也发生过因海水浴场患病的事件。

3. 影响海洋环境,造成赤潮危害

有机物中含有铁、锰等微量元素以及维生素 B_1、B_{12}、酵母、蛋白质的消化分解等都是赤潮生物大量繁殖的刺激因素。当形成赤潮后,它将造成各方面的危害。如赤潮生物大量繁殖后覆盖了大片海面,妨碍水面氧气交换,致使水体缺氧,赤潮生物死亡后,极易为微生物分解,从而消耗水中大量溶解氧,使海水缺氧甚至成无氧状态,导致海洋生物死亡;赤潮生物体内含有毒素,经微生物分解或排出体外,以毒素对肌体、呼吸、神经中枢将产生不良影响,能毒死鱼、虾、贝类;赤潮可破坏渔场结构,使其形不成鱼汛等。我国沿海仅 1989 年的一年中,就有 6 个地区遭受赤潮袭击,直接经济损失 2 亿元以上,其中 8 到 10 月间,河北省黄骅市近海 2.6 万亩虾池受害,损失近 3000 万元。1990 年海南岛西北部海域也因赤潮,造成 2800 多万元经济损失。

赤潮除了能造成海洋生物大量死亡外,更应引起注意的是由于许多赤潮生物带有毒素,如果食用了带有赤潮毒素的海产品,往往会造成人体中毒甚至死亡。这方面的例子很多,最突出的是,1971 到 1977 年美国共发生食用贝类引起中毒事件 12 起,其中麻痹性贝毒中毒 10 起、神经性贝毒中毒 2 起,在中毒事件中,有 7 起是食用蛤引起的,4 起是食用贻贝造成的。我国也屡有食用赤潮污染的海产品而中毒的事件发生,如 1986 年 1 月,在台湾高屏地区,30 人食用紫蛤,出现麻痹性贝毒中毒,有 2 人死亡。同年 12 月 1 日,福建省东山县杏陈乡磁窑村村民食用花蛤,造成 136 人中毒,1 人死亡,等等,据有关资料报道,从 1689 到 1962 年,全世界因食用带赤潮毒素的贝类已有 12 000 多人中毒,200 多人死亡;1983 到 1988 年世界各地较严重的麻痹性贝毒中毒人数共 1 人,其中 100 多人死亡。

四、有机化合物对海洋的污染及其危害

随着工业的发展,尤其是化工、石油化工、医药、农药、杀虫剂等工业的迅速发展,有机化合物的产量和种类与日俱增,已知的有机化合物数量在 1880 年只有 1.2 万种,1978 年发展到500 多万种,目前已增至 700 多万种。有机化合物,尤其是有毒的有机化合物很容易在生物体内累积,并通过各种途径危及人类。目前有机化合物对环境的污染已遍及全球各个角落。为此,西方有些学者把有机化合物的污染划为当今世界"三大环境问题"之一。

(一)有机化合物的污染来源

农药的使用大多采用喷洒形式,使用中约有 50% 的滴滴涕以微小雾滴形式散布在空间,就是洒在农作物和土壤中的滴滴涕也会再度挥发进入大气。在空间滴滴涕被尘埃吸附,能长期飘荡,平均时间长达 4 年之久。在这期间,带有滴滴涕的尘埃逐渐沉降,或随雨水一起降到地表和海面。据有关学者测定,在每平方千米的面积上,每年有 20g 滴滴涕沉降下来。这样,一年沉降在世界海洋表面上的总量就达到 24 000t,有人估计,以往各国生产的 $280×10^4$t 滴滴涕,已经有 1/4 约 $70×10^4$t 到达海面了。也有人估计,通过大气进入海洋的滴滴涕约占生产量的 5%~6%,通过河流进入的约占 3%。

海洋中的多氯联苯主要是由于人们任意投弃含多氯联苯的废物带进去的。同时,在焚烧废弃物过程中,多氯联苯经过大气搬运入海也不可忽视,仅在日本近海,多氯联苯的累积量已经超过了万吨。

由于滴滴涕一类氯代烃主要是通过大气传播的,因此目前地球上任何角落都有滴滴涕存在。据有关资料报道,1966 年人们在南极发现企鹅蛋中,每千克含滴滴涕 0.1~1mg,企鹅体内也检查出有滴滴涕和多氯联苯。在北极圈附近生存的北极熊和海豹,体内也发现多氯联苯。

(二)有机化合物污染的危害

含有重金属的农药所产生的危害与重金属污染的危害相同。有机磷农药的毒性较烈,能在局部水域造成危害,但它较易分解,毒性作用持续时间不长。有机氯农药的结构比较稳定,不易分解,因此其毒性作用持续时间较长。有机氯污染的水域以滴滴涕和多氯联苯的农药为主,据统计,自 1944 到 1968 年全球滴滴涕的产量达 $300×10^4$t,其中 $100×10^4$t 污染了海洋环境。有机化合物污染的危害,概括起来有:对海洋生物的危害、对海鸟的危害,对海洋哺乳动物的危害以及对人体的危害具体分述如下。

1.有机化合物对海洋生物的危害

有机氯农药以及多氯联苯一类的氯化烃是疏水亲油的物质。因此海洋生物对它们都有很

高的富集能力。许多海洋生物能够把海水中含量微弱的氯化烃"浓缩"几千至几万倍蓄积在体内,而且大部分集中在脂肪比较多的器官中。例如,鱼类肝脏中的含量就比肌肉中的含量高。目前,海洋中从很小的浮游生物到鱼类、贝类、鸟类到海兽,几乎都遭到有机氯农药和多氯联苯的污染危害。例如,海水中只要含有十亿分之几的氯化烃就足以抑制某些浮游植物的光合作用;滴滴涕和狄氏剂还能引起浮游植物细胞的分裂速度变慢,从而影响其繁殖能力;浮游动物中氯化烃的含量比浮游植物更高,这不仅是因为浮游动物以浮游植物为食,将其体内的氯化烃一起吃进去,而且浮游动物还能直接从海水中摄取氯化烃。

海洋受到化学农药的污染,对鱼、贝类的最大危害是直接把它们毒死。例如,1962 年夏季,日本九州沿岸的水田中撒了一种化学农药五氯苯酚,几小时后被突然降临的大雨冲到海里,使长崎、福岗、佐贺、熊本四县沿海的贝类全部死亡。同时,有机农药对鱼、贝的危害,还反映在对胚胎的发育上,使孵化出来的鱼苗死亡。例如,美国在密执安湖养殖的鲑鱼。1968 年由于在湖的沿岸大量喷洒滴滴涕,污染了湖水,结果使孵化出来的鲑鱼苗几乎全部死亡。

2. 有机化合物对海鸟的危害

有机氯农药污染对海鸟的危害,有个突出的例子,就是在 1965 年荷兰沿海的格瑞思德岛上发现一种叫燕鸥的海鸟数量剧减,原有 2 万多对燕欧只剩下 650 对。从死亡的燕鸥身上发现有明显的中毒迹象。这是因为鹿特丹附近一家生产有机氯农药的化工厂向沿海排入污水使鱼类中毒,而燕鸥正是捕食了这种鱼而中毒死亡的。

化学农药对海鸟的另一种危害,是使海鸟产下的蛋,蛋壳变得很薄,因而很容易破碎,不能正常孵化,影响了海鸟的繁殖能力。据有关资料报道,由于环境污染,尤其是化学农药的污染,全世界有近百种海鸟已经消失,200 多种濒于灭绝。

3. 有机化合物对海洋哺乳动物的危害

生活在大海里的哺乳动物也同样遭受有机农药和多氯联苯的污染危害。因为海兽与海鸟一样,都是以其他较低等的海洋动物为食,所以体内集中了通过各种海洋生物富集和浓缩后的氯化烃。例如,1962 年在南极海域捕获的抹香鲸的鲸油,每千克只含 0.07mg 的滴滴涕,而到1968 年同一海区的抹香鲸鲸油,每千克滴滴涕含量增加到 28 ~ 35mg。北大西洋的须鲸鲸油中,每千克也含有 32mg 的滴滴涕和 5 ~ 7mg 的多氯联苯。

4. 有机化合物对人体也遭到危害

滴滴涕、多氯联苯一类的化学物质还能通过食用海产品而进入人体。如有些国家生产的鱼油、鱼粉被大量用来制作饲料,因此鱼体内的化学农药也就通过鸡肉、猪肉、奶制品等被人们摄入体内。

许多有机氯农药还可能含有某些致癌物质,引起癌症。尤其是引起肝癌。据最新研究发现,人类所患的各种癌症有 80% 是由化学药品造成的。日本学者内山充认为,其中滴滴涕占据首位,六六六也不可忽视其危害。同时,儿童对滴滴涕更敏感,环境中滴滴涕的污染能使儿童患白细胞增多症的概率更大。

五、放射性核素对海洋的污染及其危害

海洋中的放射性核素,有天然放射性核素和人工放射性核素,前者存在于自然界,后者是人类活动造成的。放射性污染物种类繁多,其中较危险的有锶[90] 和铯[137] 等,这些核污染物半衰期长达 30 年左右,因此可以利用它们来跟踪环境中放射性物质。由于大部分核试验都是在北半球进行,因此北半球放射性物质的降落比南半球高得多。1963 年地球表面放射性物质的降落达到最高峰,这是由于美、苏两国大量核试验的结果。

（一）海洋中人工放射性核素的来源

据有关专家的归纳认为,人工放射性核素的来源主要有:核试验的人工放射性同位素及其大气沉降,稀土元素,稀有金属铀、钍矿的开采、洗选、冶炼提纯过程的废物,原子能反应堆,核电站,核动力潜艇运转时排放或漏泄的废物,核潜艇失事,载有核弹头飞机坠毁,原子能工业排放出的废弃物等。下面就举几个实际污染的例子,供读者参考。

（1）1968 年 1 月,美国的一颗原子弹曾在苏格兰北部沿岸坠入大海,放射性污染物波及范围达 1 万多平方千米,直到 1974 年在附近海域仍能测出放射性物质。1963 年和 1968 年,美国两艘核潜艇相继失事,分别沉没在 2599m 和 3050m 的深海,艇上几百万居里（居里为废止单位,$1Ci = 3.7 \times 10^{10} Bq$）的裂变物质全部泄漏入海。后继调查,每年由核动力舰艇产生的放射性物质超过 $100 \times 10^4 Ci$,其中绝大部分是由离子交换器中产生的,有 5 000Ci 是由废液产生的,而从舰艇泄漏出来的大约 3 400Ci 几乎全部进入海洋。

（2）目前全世界正在运转和正在建设中的核反应堆有 500 多座,已经运转的核电站有 417 座。这些核设施产生的放射性废物,如每 $100 \times 10^4 kW$ 的核电站每年产生的放射性废物大约有 120MCi。含放射性的废液一般都要经过高度浓缩后再作处理。然而浓缩时留出的含少量放射性物质的废液,往往全部排入江河或海洋。或是浓缩后的放射性废液和固体放射性废物都被放置在不锈钢槽中,外面包裹一层厚厚的混凝土,然后倾倒在海底或深埋在地下。据报告,1946 年以来,美、英等一些国家已先后向大西洋、太平洋海底投放了大量的固体放射性废物,到 1980 年总量已达 $100 \times 10^4 Ci$,虽然这些废物都装在不锈钢桶内,但已有少数容器出现渗漏,成为海洋的潜在放射性污染源。

（二）海洋放射性核素污染的危害

放射性核素的危害,直接的受害者是海洋生物,间接的受害者是人类,因为它是通过食用污染的海产品而造成的。具体分析如下。

1. 海洋放射性核素对海洋生物的危害

危害的途径:一是表面吸附,即通过生物体表吸附海水中的放射物质;二是通过食物一道进入海洋生物的消化系统,并逐渐积累在动物的各种器官中。例如,锶90 主要集中在骨骼中,碘131 主要浓缩在甲状腺中,铯137 则大多分布在肌肉中。

实验证实,海洋生物体内放射性物质的浓度比海水中的高出几千倍至几万倍。例如,贝类体内的锌65 的浓度比周围海水高 4 万倍;海参体内铁55 的浓度比海水中的高 8 万倍。正因为这样,海洋生物一旦受到放射性核素的污染,其后果很容易在生长、发育和繁殖的各个阶段反映出来。

人工放射性物质对海洋生物的污染,实质上是一种辐射损害。当海水中的放射性物质达到一定含量时,也就是当外来的辐射剂量增大到一定强度时,海洋生物的生长发育就会受到损害。例如,当外来辐射强度比天然辐射高出 100~200 倍时,生物细胞的染色体就会破坏,造血器官的功能出现紊乱,某些器官的营养发生障碍,生物体的寿命就会缩短,当外来辐射强度高出 1 000~7 000 倍时,就会大大影响海洋生物的造血系统和酶系统,降低对寄生性和传染性疾病的抵抗能力,从而导致生物的减少和绝迹。尤其是在生物的幼体发育阶段,危害更大,常出现畸形或变态、寿命缩短,最终导致绝迹。

2. 海洋放射性核素对人体的危害

人类如果大量食用被严重污染的海产品将会中毒,直接影响健康。因为在所有的人工放射性核素中,锶^{90}、钴^{60}、碘^{131} 对人体的危害最大。它随海产品进入胃肠后大部分很快被肠壁吸收,进入血液,然后循环遍及全身。其中锶^{90} 主要聚集在人体骨骼中,能直接损伤骨髓,破坏造血机能。同时,心脏、血管系统、内分泌系统、神经系统等都会受到损伤。长期食用被放射性物质污染的海产品,有可能使体内放射性核素的积累超过允许剂量,成为人体内的长期辐射源,从而引起一种特殊的疾病——"慢性射线病"。

然而,海洋放射性污染更严重的危害还是潜伏的、长期的,对海洋生物来说,它可能破坏现有的生态平衡,从而引起灾难性的后果。对人类来说,它可能损害遗传功能,损害子孙后代,因为生殖细胞对辐射特别敏感,当它们受到辐射后,染色体就会不同程度地受到损伤,不仅导致后代先天性畸形,而且某些疾病,如血癌的发病率还大大增高。

六、热废水对海洋的污染及其危害

海洋热污染是指工业废水对海洋环境的有害影响。如果常年有高于海区水域4℃以上的热废水排入,即产生热污染,如电力工业、冶金、化工、石油、造纸和机械工业等排出的废水都是热废水。

(一)海洋热废水污染的来源

热废水来源于工业排放的废水,其中尤以电力工业为主,其次有冶金、石油、造纸、化工和机械工业等。一般以煤或石油为燃料的热电厂,只有1/3的热量转化为电能,其余的则排入大气或被冷却水带走。原子发电厂几乎全部的废热都进入冷却水,约占总热量的3/4。每生产1kW·h的电量大约排出1200Cal(Cal 为废止单位,1Cal = 4186.8J)的热量。1980年仅美国发电排出的废热,每天就有 2.5×10^8 卡,足以把 3200×10^{4}m^3 的水升温 5.5℃。原子能发电站的发电能力一般为 200×10^4 ~ 400×10^{4}kW,以 200×10^{4}kW 的核电站计算,每天排出的废热可使 1100×10^{4}m^3 的水温升高 5.5℃,而一座 30×10^{4}kW 的常规发电站每小时要排出 61×10^{4}m^3 的水量,水温要比抽取时平均高出 9℃。

(二)热废水对海洋环境的危害

热废水对海洋的影响主要是使海水温度升高,它所带来的危害,特别是热带海域比温带和寒带海域受热污染的危害大得多,封闭和半封闭的浅水海湾比开阔海区的影响也更明显。热污染对海洋的危害,概括起来主要有:导致水域缺氧,影响水生生物正常生存;原有的生态平衡被破坏,海洋生物的生理机能遭受损害;会使渔场环境变化,影响渔业生产等,具体分述如下。

1. 热废水导致水域缺氧,影响水生生物正常生存

因为热水本身就是缺氧的水体,大量热废水排入,必然使局部水域溶解氧含量降低。众所周知,海水中氧气的多少取决于海水的温度,温度升高,氧气减少,热废水的注入无疑就提高了海水的水温,也势必减少了溶解在水中的氧气含量。当水温升高到一定程度,海洋动物就会缺氧、窒息而死。而且生物死亡后尸体的分解又进一步促使水中氧气的消耗。这样循环往复,久而久之,最后导致局部水质恶化,影响水生生物正常生存。

2. 热废水会使原有生态平衡被破坏,海洋生物生理机能遭受损害

这是因为水温是对海洋生态系统平衡和各类海洋生物活动起决定性作用的因素。它对生物受精卵的成熟、胚胎的发育、生物体的新陈代谢、洄游等都有明显的影响。在自然条件下,海洋水温的变化幅度要比陆地环境和淡水小得多。因此海洋生物对温度变化的忍受程序也就较差了。海洋受到热污染后,原来的生态平衡被破坏,海洋生物的生理机能也就遭受损害。尤其是在热带地区,夏季哪怕只有0.5℃温差的热废水长期大量排入,也会使海洋动物生理机能遭到损害。生态平衡被破坏还有一个例子,即当热污染对某些适应高温的水生生物。当水温升高后使它成为种间竞争的优胜者,从而改变了该水域原有的生态平衡。

3. 热污染会使渔场环境变化,影响渔业生产

热污染会干扰水生生物的生长和繁殖,因为水生生物只能在特定的温度范围内生活。如果水温超过其范围。则它将难于生存,尤其是对一些低温种类的水生生物影响更大。同时由于热污染促进了生物初期的生长速度,使它分过早成熟,以致完全不能繁殖,从而造成生物个体数量减少,或者大大增加畸形幼鱼的比例。例如,当水温升高到24℃以上时,比目鱼几乎百分之百是畸形的。我国曾有人用广东沿海养殖的近江牡蛎作过一次试验,发现水温在23~24℃之间,牡蛎胚胎没有出现畸形;30℃时,畸形率为18%;35℃时,畸形率增高到78%以上。

许多鱼类都有洄游的习性,而洄游时间和路线是鱼类根据水温的季节变化来确定的。一旦水温因热废水的排入而升高,就会使鱼类在错误的时间和错误的路线上洄游,这样就到达不了预定的目的地,从而使传统渔场被破坏,甚至毁灭。对于溯河性鱼类情况更为严重,如梭鱼、大马哈鱼、河蟹等,都习惯于逆流上溯到河道里产卵,如果河口区被热废水挡着,它们无法到达产卵场,从而影响它们的正常繁殖。同时,热废水对某些有毒的水体,当水温升高101时,水生生物的存活率将减少一半,或存活时间缩短。水温升高能使水域中的悬浮物易于分解,泥沙易于沉淀,不利于泥沙搬运,长期排放热污水,可影响局部水域淤寒变浅,使渔场环境产生变化,影响渔业生产。当然,热污染如果处理得好,也能化害为利,如冬季热废水可使水域不结冻,可作非洲鲫鱼的越冬场。

七、固体废弃物对海洋的污染及其危害

人类活动所产生的各种固体废弃物,如工业生产和矿山开采过程的各种废弃物,城市的生活垃圾,农作物的秸秆,家畜的粪便以及船舶有意投弃的固体废弃物,如碎木片、空瓶、旧鞋、废旧轮胎、废矿渣、破旧汽车等。对固体废弃物的处理,除了利用废弃矿区或挖深坑埋藏之外,还有向海洋倾废。海洋倾废的目的是利用海洋的环境容量和自净能力,将固体废弃物倒入指定的海洋倾废区。

(一)海洋污染固体废弃物的来源

污染海洋的固体废弃物。除了上述的工业生产和矿山开采过程中的废弃物,农作物的秸秆等之外,其中最引人注目的是城市的生活垃圾,有人做过统计,在发达国家平均每人每天产生1~2kg垃圾。如1969年几个重要的西方城市每人每天产生的垃圾量为:东京,0.986kg;纽约,2.122kg;巴黎,1.022kg;蒙特利尔,1.729kg;洛杉矶,1.196kg。即使在生活水平不高的我国,城市垃圾的产生也是很大的,据测算,人口在200万人以上的大城市,人均日产垃圾0.62~0.98kg,中小城市为1.10~1.30kg,按人均产1.0kg计算,我国8个主要沿海城市生活垃圾的

年产量达 1964×10^{4}t,其中上海市 1983 到 1985 年日产生活垃圾 5000t 左右,高峰时达 8000t,全市年产 183×10^{4}t。

海洋中各种各样垃圾都有,凡是陆地上有的,海洋里几乎都有。1975 年专家们估算,每年大约有 700×10^{4}t 垃圾倒在海洋里,其中 1% 是塑料。也有人估计,全世界商船每天扔进海里的塑料容器就达 500 万只,如果把倾倒的工业垃圾包括在内,世界海洋接纳的固体废物还要大大增加。有资料报道,全世界海上航行的船舶,每年产生固体废弃物总计有 600×10^{4}t 左右。

(二)固体废弃物对海洋环境的危害

固体废弃物会给渔业带来危害,是因为废弃物漂浮在水面会减弱水体的光照,妨碍水体中绿色植物的光合作用,影响水域表面与大气中氧气的交换,漂浮的固体废弃物中的微粒,不仅会伤害鱼鳃呼吸,甚至会导致鱼类死亡。固体废弃物中有机微粒的氧化分解将造成水域严重缺氧,导致鱼类窒息死亡。大量的固体废弃物倾入水中,将会改变破坏原有水域的生态平衡,或覆盖海底,迫使鱼、虾、贝等底栖生物离开渔场,使传统渔场荒废,特别是对于我国沿海都是浅海水域渔场,岛屿众多,海峡狭窄而封闭,不论是海水的交换能力,还是自净能力,都是比较薄弱的,因此更应该注意这方面对渔业的危害。

海洋垃圾的危害如此之大,以至生活在海洋里的鲸、海豚、海豹等高等动物以及海鸟等也难以幸免。对此,专家们估计,全世界每年大约有 10 万只海兽和不知其数的海鸟丧生在海洋垃圾堆中。

不仅如此,大量的垃圾进入海洋,使海水中的各种病菌滋生,给人类带来各种传染病。

第三节　　海洋生态破坏及其危害

生态系统是指一定时间和空间范围内,生物(一个或多个生物群落)与非生物环境通过能量流动和物质循环所形成的一个相互联系、相互作用并具有自动调节机制的自然整体。因为地球上的海洋、湖泊、草原、森林等自然环境的外貌千差万别,生物的组成也各不相同,但它们有一个共同特征,即其中的生物与环境共同构成一个相互作用的整体。生态系统的基本组成可概括为非生物和生物两个部分,或者说包括非生物环境、生产者、消费者和分解者四种基本组成,如图 2-1 所示。

如果生态系统能量和物质的输入大于输出时,生物量增大,反之生物量减少。如果输入和输出在较长时间趋于相等,系统结构与功能长期处于稳定状态(这时动、植物的种类和数量也保持相对稳定环境的生产潜力得以充分发挥,能流途径畅通),在外来干扰下能通过自我调节恢复到原初的稳定状态,则这种状态的生态系统,称为生态平衡。但是,当外界压力超过生态系统本身的调节能力时,生态系统就受到破坏,失去了平衡。从而使结构破坏、功能降低,如群落中生物种类减少、物种多样性降低、结构渐趋简化。为此,本节着重介绍:生态平衡被破坏的途径,海洋生态系统被破坏的典型例子以及生态平衡被破坏造成的危害三方面内容。

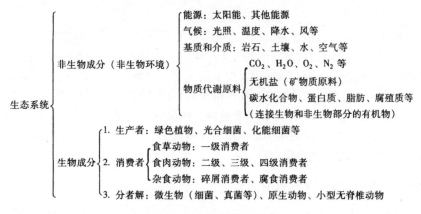

图 2-1　生态系统组成示意

一、生态平衡被破坏的途径

导致生态平衡失去调节能力的途径,主要有下列三种情况。

1. 生物种类组成改变

这种情况特别是输入或输出系统中的重要种类,增加或减少重要种类的数量。例如,珊瑚礁是一个种类繁多、富有生产力的海洋生态系统,如果改变其物种组成,必然会造成生态系统崩溃。珊瑚礁主要分布于太平洋、印度洋的近赤道地带,它的最适生长温度为 25~29℃,盐度27~40。随着旅游业的发展,进入热带珊瑚岛观光度假、潜水人数激增,于是在一些珊瑚岛上建筑宾馆、别墅、高速公路、机场、码头、发电厂等设施。这样,岛上的植被破坏了,泥沙连同大量的生活污水、垃圾、汽车油污等一起进入海里,清澈的海水变得混浊,被污染。渐渐地,作为珊瑚礁生物群落主要的珊瑚虫以及靠阳光生活的藻类(包括与珊瑚共生的虫黄藻)因此大批死亡,原有直接或间接依托珊瑚虫和藻类生活的鱼类、虾蟹贝类也就迅速消失,结果造成一个生机勃勃的珊瑚礁生态系统彻底崩溃。这种情况在夏威夷群岛等地已屡见不鲜。

在澳大利亚热带珊瑚礁生物群落中,长棘海星捕食珊瑚虫和水螅体,但其数量却被鱼类数量所控制,因为鱼类是以长棘海星的幼体为饵料的。一个时期,长棘海星的数量突然大量增加,严重威胁着这一地区的珊瑚虫,造成整个珊瑚礁生物群落的衰退。后来发现,这是人类大量捕捉鱼类有关。

2. 环境因素的变化

由于海域中营养盐物质的过多输入,使浮游藻类大量繁殖,其数量大大超过食草浮游动物消耗量时,就会导致藻类数量爆发性的增长,发生了赤潮,而且赤潮生物的死亡又会使海水中的氧气耗尽,于是就必然引起鱼类及其他动物的大量死亡。又如,在厄尔尼诺现象发生期间,由于水温增高,浮游生物及鱼类不适应而大量死亡,于是以鱼类为生的海鸟也因此饿死或迁移。原有的繁荣昌盛的海洋生态系统几乎濒于崩溃。另外,再加上不适当的海洋工程,如围海、填海或在河流下游筑坝等,都可引起局部环境因素的变化,或直接、间接地影响海洋生态系统。如埃及在尼罗河上建筑阿斯旺水坝,阻挡了营养盐大量进入地中海,造成了地中海沙丁鱼种群的急剧减少,年捕获量降低了 50%以上。

3. 信息系统的破坏

海洋中的许多鱼类及其他生物都依赖于化学信息系统相互联络,如大马哈鱼能依其嗅觉游回自己出生的那条河流去产卵;底栖多毛类的幼虫是依靠底质的同类成虫或微生物释放的化学信息物质,来决定是否降落,很多固着生活的无脊椎动物双壳类等,基本上都是依靠性激素来决定它们同时排精和排卵以繁殖后代。由于化学污染物质干扰和破坏它们的信息联络,最终将导致种群衰亡,使整个生态平衡遭到破坏。大量的研究证明,在污染的影响下,生物群落的种类减少,结构变得简单,而能够适应污染环境的少数种类大量繁殖,在群落中的优势度增高,从而增加了生态系统的不稳定性等。

二、海洋生态系统被破坏的典型例子

所谓典型的海洋生态系统,是指在同类生态系统中最有代表性的那些生态系统,如珊瑚礁生态系统、红树林生态系统、滩涂湿地生态系统等,这些海洋生态系统有着重要的社会经济、文化科学、生态环境价值,因而受到高度重视。

(一)珊瑚礁生态系统被破坏

珊瑚礁是热带特有的浅水生态系统,主要分布在 25~29℃ 水温的海域,由于造礁珊瑚需要充足的阳光,即使在清澈透明的海水中也只能分布到 40m 左右深度。因此,珊瑚礁往往平行海岸呈连续嵌条状分布。

珊瑚礁是自然生态系统中生产力最高、生物多样性最大的生态系统之一。珊瑚礁生态系统依靠流动的水体、有效的物质再循环和高度保存营养物质来维持其高生产力。珊瑚礁的初级生产者组成是很特殊的,除了浮游植物、底栖藻类之外,珊瑚体内的共生虫黄藻是很重要的一类生产者,据已有的研究结果,珊瑚礁初级生产力以碳计为 $1500~5000g/(m^2 \cdot a)$,这个数字表明它是代表自然生态系统的最高初级生产力水平。在珊瑚礁生活的生物种类繁多,几乎所有海洋生物的门类都有代表生活在礁中各种复杂的栖息空间。据报道,世界海洋鱼类中有25%是分布在珊瑚礁水域,如大堡礁就有 1500 种以上,菲律宾礁栖息鱼类达 2000 种以上,除了鱼类之外,海龟、海鸟也常出现于珊瑚礁生物群落。礁栖无脊椎动物种类也十分丰富,如太平洋珊瑚礁软体动物有 5000 种以上,大堡礁的软体动物有 4000 多种。此外还有棘皮动物的海星、海胆、海参、刺龙虾和各种小虾、海绵等。

另外,沿岸的岸礁还具有防止海岸侵蚀和风暴损害的作用,尤其在低平的海岸平原地区,岸礁和堡礁都起着保护种植业和村庄免受热带风暴和潮汐波浪毁坏的重要作用。

但是,由于人类对珊瑚礁的价值认识不足以及暂时经济利益的驱使,破坏珊瑚礁的现象十分严重。例如,在斯里兰卡,人们在高能量的东海岸开采珊瑚礁,造成海岸严重侵蚀,椰林、棕榈等树木倒伏,岸上的砂子又冲入海域阻塞潟湖,严重影响其他珊瑚礁生物;在佛罗里达、关岛、波利尼西亚及印度尼西亚等地,由于附近港口疏浚,使周围珊瑚礁遭受明显损害;夏威夷岛上的火力发电厂排放的冷却水,使周围珊瑚礁海域水温升高;在红海由于石油和磷肥装运长期污染海域,都发生过严重损坏珊瑚礁生物群落的现象。尤其是为烧制石灰,在东南亚等一些国家都发生过炸礁而使珊瑚礁变成了废地,甚至由于旅游业的发展,游船在珊瑚礁处抛锚、潜水者脚踩,收集珊瑚、贝壳作纪念品等,都使珊瑚礁造成一定程度的损害。

我国海南、福建、广东沿海居民也有用珊瑚礁烧制石灰的习惯,多年来海南岛大多数岸礁因此遭到不同程度的破坏,有些地区的珊瑚礁已濒临绝迹,例如,海南琼海市挖礁的船只每年达 20 艘之多；文昌市海岸线长 250km，珊瑚礁约有 100 个，每年建房、烧石灰和制水泥挖礁量达 $5 \times 10^4 t$ 以上，现在全县几乎所有岸段的珊瑚礁均遭到破坏。

珊瑚礁是历史长期演化的产物，其生长速度极慢，如海南岛的珊瑚礁每年只长出 1 毫米，所以一旦破坏就很难恢复。

(二)红树林生态系统被破坏

红树林主要分布于低纬度的河口和内湾，低盐、高温和淤泥质是有利其生长的 3 个重要条件。红树林也是高生产力海洋生态系统之一。据有关资料报道，红树林沼泽对沿岸水域的净生产力输出以碳计在 $350\sim500g/(m^2 \cdot a)$，比近岸平均初级生产力高。红树林沼泽是海岸重要景观生态系统，保护红树林具有重要生态学意义和社会经济意义。例如，红树林形成一道缓解或抵抗风暴、海浪对海岸冲击的天然屏障，而红树林及其根系有截留和累积沉积物的功能，具有稳定和保护海岸的重要作用。同时，红树林为许多海洋生物和陆生生物提供栖息地和食物，红树林自然掉落物分解形成有机碎屑，可作为浮游生物和栖息生物的食物，直接或间接形成以红树叶子开始的碎屑食物链支持着区域内各种生物的生存需要。红树林生态系中的生物种类可达 2000 多种，并有许多珍贵物种，如海水鳄鳄、天狗猴、朱鹮等也在一些地区红树林中出现。红树林景观奇异多姿，是良好的旅游胜地，美国每年有成千上万的游客到特立尼达的卡罗尼红树林赏鸟。

但是，由于无计划的开发活动，世界各地的红树林均已遭到严重破坏。在澳大利亚、新西兰和美国，由于工业、城市的发展，机场等设施的修建，大片围垦红树林；在塞内加尔、冈比亚、塞拉利昂等国，将大片红树林改造成稻田；在斯里兰卡很多红树林被开辟为椰子种植场；在菲律宾、印度尼西亚、厄瓜多尔和加斯达黎加，将红树林改造成鱼池；在印度、贝宁和马来西亚，把大量的红树林砍伐、夷平，然后排水改造成盐田。又由于红树林是许多工业的原料，因而被大量砍伐，在印度尼西亚约有 20 多万公顷的红树林被开发。

我国红树林主要分布在海南、广东、广西、福建沿海河口两岸和淤泥质海湾。我国已记录的红树植物共有 36 种，约占世界的 43%，多年来，我国的红树林也遭到严重破坏，由于大规模的围滩造田和肆意砍伐，红树林面积大大减少，据统计，全国现有红树林面积共有 $2 \times 10^4 hm^2$，仅为历史记载总面积的 28%，仅占世界红树林总面积的 0.26%。20 世纪 50 年代福建漳江口红树林面积为 $134hm^2$，现在仅存 $50hm^2$；20 世纪 60 年代福建九龙江口有红树林超过 $400hm^2$，现在只剩下 $267hm^2$，整个福建省现存的红树林面积只有过去的一半。广东和海南两省原有红树林约 $30\ 000\sim40\ 000hm^2$，现在仅剩下 $8000hm^2$ 左右，并且现存的红树林的外貌和结构已简单化，除部分原生林外，多数为乔灌丛林状态。海南省陵水县过去有红树林 200 多 hm^2，树高林茂，林中候鸟成群，林下鱼虾蟹随处可见，但现在不仅面积减少了一半，而且大多为灌丛残林，局部地区已沦为光滩，候鸟绝迹，水生生物贫乏。有些红树林植物种已灭绝或处于濒危状态。由于红树林的破坏，抗风暴潮灾害的能力也大大降低。

(三)滩涂湿地生态系统被破坏

湿地仍是一个理解尚未统一的术语。一般都把集中连片饱含水分的土地理解为湿地。例如沼泽、草甸、滩涂、潟湖等，这里的滩涂湿地，仅指软相潮间带及其饱含水分的潮上带。在低纬度，滩涂湿地多生长着红树林；在中纬度和高纬度，滩涂湿地多数生长着芦苇和一些耐盐性的植物，或为基本无植被的贝滩。由于滩涂湿地多由河流携带的泥沙淤积而成，因而在河口两侧往往集中连片。

　　滩涂湿地生态系统是很多具有商业价值生物的产卵地和育幼场,也是高生产力的生态系统之一。例如,位于丹麦、德国和荷兰的瓦登海沿岸的滩涂湿地,便是北海渔业的支撑地,供养着北海50%的棕虾、53%的舌鳎,80%的鲽类和100%的青鱼。滩涂湿地又是众多两栖类、爬行类、鸟类甚至哺乳类等野生动物的生息繁衍地。其中还有不少属于珍贵——濒危物种。滩涂湿地也具有储水、泄洪、抵御风暴潮、防止海浪冲击、保护海岸的功能,并具有吸收大量二氧化碳和调节气候的作用。滩涂湿地具有独特的自然景色,也是旅游观光的好场所。

　　但是,由于人类大规模的盲目围垦,造成滩涂湿地生态系统被破坏。例如,近40~50年来,我国滩涂湿地共遭到两次大的围垦,一次是二十世纪五六十年代掀起的围海造田造地热潮,另一次是80年代掀起的养虾为龙头的海水养殖业的大发展。这两次累计围垦滩涂湿地面积达100多万公顷,相当于原来滩涂湿地面积的一半,很多集中连片的典型滩涂湿地生态系统遭到严重破坏。

　　辽河口和大凌河口之间的辽河三角洲湿地原有芦苇近百万亩,仅次于多瑙河三角洲,居世界第二位。这里夏季绿波万顷、气势浩瀚。低潮带下缘的盐角草,在生长季节呈一片赤红色,平坦的潮滩犹如无际的红地毯。这里湿地物种丰富多样,据有关资料报道,仅维管植物就有170多种,陆域野生动物240多种,海域鱼、虾、蟹、贝、海蜇等资源繁多,是辽东湾渔业资源生物的最重要的产卵场和育幼场。动物中许多属珍贵种类和濒危物种,如丹顶鹤、黑嘴鸥、西太平洋斑海豹等,均属国家重点保护的野生动物。但是,随着辽河三角洲的开发,芦苇湿地自然环境受人为干扰和破坏日益严重。油田开发、稻田扩大、虾池发展和盐田扩建,使天然苇塘自然程度不断降低。原始生态系统范围不断缩减,现在只有大凌河口左侧尚保存一部分原始地貌,即滩涂湿地生态系统遭受严重破坏。

三、生态平衡被破坏造成的危害

　　海洋生态平衡被破坏造成的危害是全球性的,特别是属于封闭或半封闭浅海区域的国家,如我国的海洋渔业生产危害更大。为此,这里着重介绍由于海洋生态平衡的破坏,我国海洋生物资源严重衰退和海洋生物物种多样性严重丧失的两个方面的内容。

(一)海洋生物资源严重衰退

　　海洋渔业是以海洋生物资源为生产对象的海洋产业。其作业范围之广、产量之大、对海洋生态环境影响之强烈,是其他海洋产业所不能相比的。由于全球,尤其是我国海洋渔业对海洋生物资源的利用存在很多问题,特别是传统优质渔业资源开发过度,已使某些海洋生物资源严重衰退,甚至有些种类濒临绝迹,造成渔场生态失衡,并使海洋渔业本身生产功效日益降低,生产力不断下降,这是当前我国海洋生态环境面临的最突出问题之一。

1. 捕捞过度造成资源严重衰退

　　在改革开放前相当长的一段时间,由于我国盲目增船增网,片面追求产量,近海捕捞强度超过渔业资源的再生能力,造成资源利用过度,导致单位产量下降。如1955年年均产量为每千瓦2.4t,到1990年年均产量为每千瓦0.68t,即平均每千瓦功率产量下降50kg,而且经济鱼类明显减少,渔获中出现低龄化、低值化、小型化。优质鱼与劣质鱼比例变化很大,如20世纪50年代优质鱼与劣质鱼比例为8:2,60年代为6:4,70年代为4:6,80年代为2:8,80年代以后更加恶化。同时,鱼群密度也明显下降,如果以50年代的鱼群密度为1,则60年代为0.6~0.7,70年代为0.3~0.4,80年代以后在0.2以下了。更为严重的是恶性非法捕捞日益猖獗,炸鱼、毒鱼、电鱼、密阵密拖屡禁不止,这种非法毁灭性的掠夺式生产,使鱼类的"祖宗三代"都同归于尽,对鱼苗、鱼卵也造成无法估量的损失。

除了鱼类资源全国性捕捞过度外,近海和沿岸的贝类资源也因采捕过度而呈现衰退。例如,渤海的毛蚶一向为该区重要的渔业资源,由于屡遭掠夺式捕捞而严重破坏,资源一蹶不振。据有关资料记载,1975 年辽东湾毛蚶资源量超过 $53×10^4$ t,1977 年降到约 $37×10^4$ t,1979 年又降到约 $13×10^4$ t,1983 年已不足 $4×10^4$ t。

2. 传统经济种类种群补充严重不足

幼鱼兼捕现象严重,造成资源种类种群补充不足,据有关资料记载,20 世纪 70 年代仅浙江沿岸 7 万多顶张网兼捕幼鱼数量达 $2×10^4$ ℃左右,1974—1980 年江苏省海洋渔业公拖网兼捕幼带鱼每年平均在 5000t 左右。在渤海和黄海,蓝点马鲛鱼是北方流网的主要捕捞对象之一。自 20 世纪 70 年代末开始,当年幼鱼在渤海首先遭到对虾流网的兼捕。兼捕量约占兼捕鱼类总量的 55.1%,平均 5000 多吨,其他的如小黄鱼、带鱼、鳓鱼、梭鱼、鲈鱼等的幼鱼也遭到长期的严重兼捕。除了渔业捕捞损害幼鱼之外,沿岸盐场、电厂等纳水时对鱼虾幼体的损害也是相当严重的。据有关资料记载,天津长芦盐区在 1966 年纳潮时纳入对虾仔虾约 $3.5×10^8$ 尾;1980 年 6 月塘沽盐场纳潮时损害对虾仔虾约 $4×10^8$ 尾。另外,4 个盐场纳潮 $2030×10^6$ m³,共损害对虾幼虾约 $15.9×10^8$ 尾。再加上大港电厂纳水时损害对虾幼虾约 $16.8×10^8$ 尾。这样在 1980 年仅此两项就使渤海对虾损害 $32.7×10^8$ 尾。

上述这些经济鱼类幼鱼的损害,严重破坏了水产资源种类种群结构的平衡,影响了成鱼在种群中的比例,造成种群的衰退,也给渔业带来巨大经济损失。同时,由于这些种类数量的减少,进一步影响到整个海洋生态系统中各类生物的协调发展,引起种群结构的失衡。

(二)海洋生物物种多样性的丧失

随着人口的增加、工业和科学技术的发展以及人类不断提高生活质量的愿望,海洋生物多样性与陆地一样面临着严重的威胁,这些威胁除了自然因素之外,主要来自人类的干扰,包括过度捕捞、环境污染、生物栖息地条件退化以及无控制的旅游活动和外来物种的入侵等。这里着重介绍海洋生物物种灭绝进度加快和珍稀、濒危海洋生物数量的锐减来反映海洋生物物种多样性的丧失情况。

1. 海洋生物物种灭绝进度加快

我国是世界上物种最丰富的国家之一,约占世界物种总数的 10%。在亚洲,根据维管束植物、哺乳动物、鸟类、两栖类、爬行类、鱼类及凤尾蝶类物种统计,我国的物种最为丰富。我国的特有属和特有种亦很丰富,如白鳍豚只生在洞庭湖和长江的中、下游,又如柳杉属只分布在我国和日本,可称其为东亚特有属。

我国的海洋生物物种亦十分丰富多样,据《中国海洋生物种类与分布》统计,自 1992 年开始,在我国海域已经记录了 20278 种海洋生物,它们隶属于原核生物、原生生物、真菌、植物和动物 5 个界,共计 44 个门。我国海洋生物的种类数在世界海洋生物种类数中可能远远超过10%,也有学者认为在 25% 以上,这是因为我国海域所跨的纬度比陆地大。南海诸岛海域又位于物种最丰富的热带水域。

但是由于人口的增加以及城市化、工业化,除了环境污染外,人们对生物资源惊夺式的开发利用以及全球各类生境的严重破坏,加上外来种的引入等原因,地球上的生物正面临着比以往任何时期都要快得多的灭绝速率，比以往更多的物种正遭受着灭绝的威胁。据史料记载，在过去的两亿年中，自然界每 27 年有一种植物从地球上消失，每世纪有 90 多种脊椎动物灭绝。现在有很多专家认为，可能在今后 20～30 年中，地球上总生物多样性的 1/4 将处于严重的灭绝危险之中。现在平均每年有一个物种消失，其中大多数是昆虫。有许多物种甚至在被人记录之前就已消失。

在海洋中，外来种的引入（包括船底带进和人工引进）对当地物种多样性的影响可以通过一些例子来说明。例如，双壳类沙筛贝原产美洲，20 世纪 80 年代首次在香港水域被发现，1992—1993 年这种贝又在福建东山和厦门马銮湾海域出现。目前在这两处海域沙筛贝的数量泛滥成灾，几桩柱、浮筏和一切养殖设施表面几乎 100% 被它占据，把以往数量很大的藤壶、牡蛎等生物几乎全部挤掉，由于争夺饵料，人工养殖的菲律宾蛤仔、翡翠贻贝饵料不足而产量大减。又如，在 20 世纪 80 年代先后从英国和美国引进的大米草和互花米草，在我国沿海滩涂湿地种植，虽然收到一定生态效益，但因其繁殖迅速，原有的一些生物因无立足之地而被淘汰，大大降低了当地生物的物种多样性，而且要彻底根除又极为困难。

生物入侵的生态后果，导致群落结构变化、生境退化、生物多样性下降、病害频发，甚至造成原有生态系统崩溃。其原因主要是：①入侵物种比当地物种有更高的种群增殖力；②生物群落的关键种具有控制群落种类组成、物种多样性等群落结构的功能；③外来种间接引起入侵地生物暴发新的病害；④外来物种改变当地生物的遗传多样性；⑤由于入侵种的迅速蔓延，原有自然生物群落的生境退化或遭到严重破坏，而生境的衰退必定导致物种多样性下降，特别是关键生境的破坏，后果更为严重，因为这些特殊生境一旦被破坏后是很难恢复的。总之，当生物群落的组成、结构和生境因外来种侵入而被破坏后，原有生态系统的相对平衡状态和稳定性就被打破，导致群落的逆向演替，最终生态系统也就崩溃了。

2. 珍稀、濒危海洋生物数量的锐减

在我国出版的《国家重点保护野生动物名录》一书中，需要保护的海洋野生动物有 34 种，其中一级重点保护的有 14 种（类）、二级重点保护的有 20 种（类）。现将其中一些物种的现状介绍如下。

（1）须鲸类。以前我国须鲸类资源较丰富，早在 1915 年日本人就在北黄海海洋岛开始从事捕鲸作业，当年就捕获长须鲸 48 头。新中国成立后，大连成立了我国第一个捕鲸队，到 1976 年为止共捕获小鳁鲸、长须鲸、灰鲸等共 1600 多头，我国的蓝鲸、座头鲸、抹香鲸等鲸类主要分布在东海和南海。我国须鲸类均系日本海和鄂霍次克海的群系。由于近 20～30 年来鲸类资源世界性衰退，所以我国自 1976 年开始就禁止捕鲸，并加以保护。现在鲸类资源我国列为国家二类重点保护的野生动物。

（2）中华白海豚。此类海豚为近海暖水性小型齿鲸类，体长 2.5m，全身乳白色，腹部及尾部带粉红色彩，主要分布在我国东南近海。北界可达浙江北部，多栖息于内海港湾及河口一带。在福建闽江、九龙江和广东珠江，可溯江而上达数十千米。过去厦门港常年可见，在盛期（2 到 5 月）可常见其跳跃和翻腾于水中。白海豚有跟船癖性，因而易被捕杀，现已不多见，有濒临灭绝危险。白海豚为国家一类重点保护的野生动物。

（3）儒艮。俗称海牛，我国台湾、海南、广西、广东阳江以南均有分布，尤以北部湾的广西合浦和北海附近水域较多。儒艮喜栖息在沿岸海藻丛生的浅水，很少游向外海。在北部湾的儒艮以大叶藻和阙藻为食。因游速较慢，易于被捕。20 世纪 50 年代，在北部湾常可见到数十头儒艮,但现在很少看见,也有濒临灭绝的危险。儒艮为国家一类重点保护的野生动物。

(4)西太平洋斑海豹。斑海豹在我国主要分布在渤海辽东湾,每年冬季斑海豹游来产仔,辽东湾是其最南的繁殖区,盘锦双台子河口为其重要索饵地。20世纪60年代前,斑海豹在春季常追食小黄鱼,数量多时有百头以上,或栖游于海中,或聚集于滩上。除辽东湾外,渤海海峡、黄海北部沿岸也时出现,但多为幼兽。近年数量锐减。斑海豹为国家重点保护野生动物。

(5)海龟。我国常见的海龟有4种,即绿海龟、玳瑁,棱皮龟和海龟。主要生长在南海和北部湾,有时随暖流游到东海、黄海和渤海。海龟有千里归乡产卵习性,主要产卵场在南海诸岛及广东、广西、海南及台湾南部海域。在西沙月为繁殖盛期,夜晚爬至高潮线以上疏软沙滩产卵。从20世纪60年代以来,海龟捕杀和龟卵破坏严重,现在数量锐减。据有关专家估计,我国海龟现存量大约为5000头,已接近濒危状态。海龟为我国二类重点保护野生动物。

(6)文昌鱼。这是最低等的脊索动物,即无脊椎动物进化至脊椎动物的过渡类型。在生物进化研究上有特殊价值。文昌鱼在我国海域分布较广。其中以东海厦门和渤海河北昌黎沿岸海域最多。20世纪60年代,厦门港刘五店沿岸海域,最高年产量在250t,为驰名中外的文昌鱼渔场。后因渔场周围围垦和筑坝,至70年代已形不成渔业,文昌鱼的栖息地也已外迁。文昌鱼为国家重点保护野生动物。

除了上述的物种外,西沙东岛的鲣鸟、海南岛的海硅、福建平潭的中国鲎等,均为我国具有特殊意义的动物,如不好好保护也将有逐年消失的可能。

本章内容小结

(1)我国海洋环境总体表现为:近岸海区环境质量逐年下降,近海污染范围有所扩大;外海水质基本良好,重金属污染得到较好控制;油污染有向南部海区转移,营养盐和有机物污染有逐渐上升趋势;突发性污损事件频率加大,慢性危害日益显著;海洋自然景观和生态破坏加剧等。

(2)河口、海湾和近岸海区污染严重,即沿海地区每年直接排入近海的生活污水和工业废水多达 $66.5 \times 10^8 t$ 以上,其中化学污水排放量最大,约占总排放量的40%。近海污染面积不断扩大,氮、磷等营养盐类污染明显。石油是近海的主要污染物之一,污染范围广,近年来污染程度又有上升趋势,污染较严重的海区有长江口、杭州湾、舟山渔场、辽东湾北部以及渤海湾西部等地。

(3)赤潮、溢油以及病毒污损事件发生率越来越高,如1980—1992年全国海域共发生赤潮约300起,比70年代增加15倍;1980—1995年,发生溢油事故115起;1988年上海、江苏等地因食用启东海域被甲肝病毒污染的毛蚶,造成41万人患病。同时,由此引发启东毛蚶养殖场封闭,每年经济损失达数千万元。

(4)海洋自然景观和生态环境破坏触目惊心。由于不合理的围海、筑坝、河流建闸、大面积挖砂采石、乱挖珊瑚礁及滥伐红树林等非污染性的人为活动,造成了大范围的海岸侵蚀或淤积,破坏了海洋生态系统,减少了物种的多样性,加剧了自然灾害的程度。例如:广东省珠江口万顷沙附近的咸淡水交汇处,饵料丰富,是鲥鱼生长、栖息的良好水域,由于围垦使幼鱼失去了大片生长、育肥的场所;海南省邦塘湾近万亩的珊瑚礁遭毁灭性破坏,年采量达 $6 \times 10^4 t$ 以上,造成海岸侵蚀后退了320m,房舍倒塌、村民迁移、沿岸3000多棵椰树和30多万棵其他树木被海水吞没;山东省蓬莱市登州镇附近浅滩,自1985年开始挖砂,至1991年共挖掉百万余吨,导致浅滩 5m 等深线以内面积由原来的 $3.6km^2$ 缩小为 $0.5km^2$,致使海洋动力平衡遭到破坏,大量土地遭侵、民舍设施冲毁。

(5)我国近海石油污染严重,几个海域各种油污入海量每年高达 $14.4×10^4t$,其中渤海油污染占 42%。石油污染对浮游生物的危害,主要是油膜阻挡了阳光的透射,浮游植物得不到充足的阳光,光合作用减弱,生产力下降。石油污染对鱼类的危害,主要是油膜黏住鱼鳃,呼吸困难,最后窒息死亡,同时溶解在水中的石油通过鱼鳃或体表进入体内,损坏了各种器官,鱼卵被油膜黏住后孵化出来的幼鱼多为畸形,只能活 1~2d。石油对贝类的危害,主要是油膜妨碍贝类管足伸缩,抑制贝卵的发育或使幼贝畸形,并影响食用价值。石油污染对海鸟的危害,主要是油膜黏住海鸟羽毛后,破坏了羽毛的结构和功能,损坏了保温性能,降低了浮力,甚至不能飞起,或者是用嘴整理羽毛时将石油一起吞入腹中,造成胃肠伤害,变得厌食,最后饿死。石油污染对人体的危害,主要是人吃了被污染的海产品后,就会将苯并芘等致癌物质摄入体内,影响健康,因为海产品中致癌物质的含量比非海产品高几百至几千倍,容易危害人体健康。

(6)重金属污染的危害中,汞对鱼、贝危害很大,它不仅随污染了的浮游生物一起被鱼、贝摄食,还可以吸附在鱼鳃和贝的吸水管上,甚至可以渗透鱼的表皮直到体内,使鱼的皮肤、鳃盖和神经系统受损,造成游动迟缓、形态憔悴。汞能影响海洋植物光合作用,当水中汞的浓度较高时,就会造成海洋生物死亡。汞对人体危害更大,尤其是甲基汞,一旦进入人体,肝、肾就会受损,最终导致死亡。镉一旦进入人体后很难排出,当浓度较低时,人会倦怠乏力、头痛头晕,随后会引起肺气肿、肾功能衰退及肝脏损伤,而当铅进入血液后,浓度每毫升在 $80\mu g$ 时,就会中毒,铅是一种潜在的泌尿系统的致癌物质,危害人体健康。海洋中铜、锌的污染,就会造成渔场慌废,如果污染严重,就会导致鱼类呼吸困难,最终死亡。

(7)海洋中有机物和营养盐污染的危害,主要有:引起海水缺氧、鱼贝死亡;助长病毒繁殖,毒害海洋生物,并直接传染人体;影响海洋环境,造成赤潮危害等,海域一旦形成赤潮后,就会造成水体缺氧,赤潮生物死亡后,又会消耗水中溶解氧,加剧海水缺氧程度,甚至造成海水无氧状态,导致海洋生物大量死亡,同时赤潮生物体内含有毒素,经微生物分解或排出体外,能毒死鱼虾贝等生物。赤潮还会破坏渔场结构,致使形不成鱼汛,影响渔业生产。人类如果吃了带有赤潮毒素的海产品,会造成中毒、甚至死亡。

(8)有机化合物污染的危害,主要对海洋生物、海鸟、海洋哺乳动物以及对人体的危害。例如,海水中只要含有十亿分之几的氯化烃就足以抑制某些浮游植物的光合作用。有机农药对鱼贝的危害,还反映在对胚胎的发育上,使孵化出来的鱼苗死亡,有机化合物对海鸟的危害,是它吃了被污染的鱼而中毒死亡。有机化合物对人体的危害,滴滴涕、多氯联苯等是通过食用被污染的海产品而进入人体,有机氯农药含有致癌物质,引起肝癌,研究表明,人类所患的各种癌症有 80%是由化学药品造成的。

(9)海洋放射性核素对海洋生物的危害。其途径:一是表面吸附;二是通过食物进入海洋生物的消化系统,并逐渐积累在动物的各个器官,影响其生长、发育和繁殖,因为生物细胞的染色体遭破坏、造血器官功能紊乱、降低对寄生虫和传染性病毒的抵抗能力,从而导致生物量减少和绝迹。放射性核素对人体的危害,是大量食了被污染的海产品造成的,如锶 9° 会聚集在人体骨骼中,直接伤害骨髓,破坏造血机能,同时影响到心脏、血管系统、内分泌系统、神经系统,如果长期食用被污染的海产品,有可能使体内放射性核素积累,成为体内的长期辐射源,引起"慢性射线病"。还会贻害子孙后代,不仅导致后代有先天性畸形,而且有些疾病如血癌的发病率大大增高。

（10）热废水对海洋环境的危害，主要是：导致水域缺氧，影响水生生物正常生存；原有的生态平衡被破坏，海洋生物的生理机能遭受损害；会使渔场环境变化，影响渔业生产等，生态破坏的一个典型例子是，当热污染对某些适应高温的水生生物，由于水温升高使它成为种间竞争的优胜者，从而改变了该水域原有的生态平衡。热污染会影响渔业生产，是因为水生生物只能在特定的温度范围内生存，如果水温超过其范围，则必然影响其生存，特别是对一些低温种类的水生生物影响更大，而且许多鱼类都有洄游的习性，而洄游时间和路线是鱼类根据水温的季节变化来确定的，一旦水温因热污染而升高，就会使鱼类在错误的时间和错误的路线上洄游，这样就到达不了预定的目的地，从而使传统渔场荒毁。

（11）固体废弃物对海洋环境的危害，是因为废弃物漂浮在水面会减弱水体的光照，影响植物的光合作用，影响水域表面与大气中氧气的交换，同是废弃物的微粒，不仅会伤害鱼鳃呼吸，甚至导致鱼类死亡。大量的固体废弃物倾入海洋，将会破坏原有水域的生态平衡，或覆盖海底，迫使鱼、虾、贝等底栖生物离开渔场，特别是我国沿海都是浅海水域渔场，更容易造成渔场荒废。

（12）导致生态平衡失去调节能力的途径：主要有：①生物种类组成改变，特别是输入或输出系统中的重要种类，增加或减少重要种类的数量；②环境因素的变化，如海域中营养物质的过多输入，使浮游藻类大量繁殖，其数量大大超过食草浮游动物消耗量时，就会导致藻类数量爆发性地增长，发生了赤潮；③信息系统的破坏，如海洋中的许多鱼类及其他生物都依赖于化学信息系统相互联络，由于化学污染物质干扰和破坏了它们的信息联络，最终导致种群衰亡，使整个生态平衡遭受破坏。

（13）海洋生态系统破坏的典型例子，有珊瑚礁生态系统的破坏活动、红树林生态系统的破坏、滩涂湿地生态系统的破坏等。这些海洋生态系统有着重要的社会经济、文化科学和生态环境价值，它在同类生态系统中最有代表性的生态系统，因此受到全世界的高度重视。例如，珊瑚礁是自然生态系统中生产力最高、生物多样性最大的生态系统之一。

（14）海洋生态平衡被破坏造成的危害是全球性的，特别是对于封闭或半封闭浅海区域的国家，如我国的海洋渔业生产危害更大。因为海洋生态平衡破坏，导致海洋生物资源严重衰退和海洋生物物种多样性丧失。其原因除了自然因素之外，主要来自人类的干扰，包括捕捞过度、环境污染、生物栖息地条件退化以及无控制的旅游活动和外来物种的入侵等。

第三章　海洋环境调查

海洋环境调查是对海洋学现象和海洋环境状况进行观测、测量、采样、分析和数据处理的全过程，是借助各种仪器设备直接或间接对能表征其物理学、化学、生物学、地质学、地貌学、气象学及其他海洋科学的特征要素进行观测和研究的科学活动。海洋环境调查一般是在选定的海区布设测线和测点，使用适当的仪器设备，获取海洋环境状况资料，阐明其时空分布特征和变化规律，为海洋科学研究、海洋资源开发、海洋工程建设、航海安全保证、海洋环境保护、海洋灾害预防等提供基础资料和科学依据。

本章着重介绍海洋环境调查方法和调查基本程序、海洋生物调查、海洋化学调查、海洋声学光学要素调查、海洋气象观测以及海洋水文观测，共六节内容。

第一节　海洋环境调查方法和基本程序

海洋环境调查方式有大面观测、断面观测、连续观测和辅助观测等。而调查方法有航空观测、卫星观测、船舶观测、水下观测、自动浮标站(锚定或飘移)等。海洋调查的基本程序是为保证调查过程中的连贯性和准确性。海洋调查方法和海洋调查程序是不可分割的。

一、海洋环境调查方法

海洋环境调查是运用特定的技术手段获取海洋环境资料，并对获得的数据资料进行综合分析，揭示并阐明海洋环境时空分布特征和变化规律的过程。我国海洋调查应按国家标准《海洋调查规范》进行。调查内容有海洋水文观测、海洋气象观测、海洋化学要素调查、海洋声光要素调查、海洋生物调查、海洋地质地球物理调查、海洋生态调查、海底地形地貌调查和海洋工程地质调查等组成。海洋调查工作是个完整的体系。包括海洋观测对象、传感器、观测平台、施测方法和数据处理五个主要方面。

(一)海洋观测对象

海洋调查中的观测对象是指各种海洋学过程以及相关的各种环境要素，所有的观测对象可分为五类型。

(1)基本稳定变化类型：这类观测对象随着时间推移变化极为缓慢，如各种岸线、海底地形和底质分布。它们在几年或十几年的时间里通常不发生显著的变化。

(2)缓慢变化类型：这类被测对象一般对应海洋中的大尺度过程，它们在空间上可以跨越几千千米，在时间上可以有季节性的变化，典型的有著名的"湾流"和"黑潮"。

(3)显著变化类型：这类被测对象对应于海洋中的中尺度过程，它们空间上跨度可以达几百千米，周期约几个月。典型的如大洋的中尺度涡，近海的区域性水团等。

(4)迅速变化类型：这类被测对象对应于海洋中的小尺度过程。它们的空间尺度在十几千米到几十千米范围，而周期则在几天到十几天之间。典型的如海洋中的羽状扩散现象。

(5)瞬间变化类型：这类被测对象对应于海洋中的微细过程，其空间尺度在米的量级以下，时间尺度则在几天到几小时甚至分、秒的范围内，典型的如海洋中团块的湍流运动和对流过程等。

（二）传感器

传感器有点式传感器、线式传感器及面式传感器，各有其特点。

（1）点式传感器：能够感应空间某一点被测量的对象。

（2）线式传感器：当传感器沿某一方向运动时，可以获得某种海洋特征变量沿这一方向的分布，如温盐深自动记录仪（CTD）等。

（3）面式传感器：近代航空和航天遥感器能提供某些海洋特征量在一定范围内海面的平面(X,Y)分布，SLOCUM大洋剖面仪可以提供锯齿剖面数据。

（三）观测平台

观测平台是观测仪器的载体和支撑，有固定平台与活动平台之分。

（1）固定平台：是指空间位置固定的观测工作台。常用的固定平台有沿海观测站、海上定点水文气象观测浮标、海上石油井架等。

（2）活动平台：是指空间位置可以不断改变的观测工作台，如水面的海洋调查船、水下的潜动装置。自由漂浮观测浮标，按固定轨道运行的观测卫星等。

（四）施测方法

施测方法种类很多，如：随机观测、定点观测、大面积观测、断面观测等，各种观测都有其特点。

1. 随机观测

这是早期的一种调查方式，其调查测站不固定。这种调查大多是一次完成的，如著名的"挑战者"号的探险考察；或者各航次之间并无确定的联系，如现在由商船进行的大量随机辅助观测。虽然一次随机调查很难提供关于海洋中各种尺度过程的正确认识，但是大量的随机观测数据可以统计地给出大尺度（甚至中尺度过程）的有用信息。

2. 定点观测

定点观测即台站观测，是在固定测站对海洋气象和水文要素进行定时观测。定点观测通常采取测站陈列或固定断面的形式，或者每月一次或者根据特殊需要的时间施测，或者进行一日一次的、多日的甚至长年的连续观测。定点观测海洋调查使得观测数据在时空上分布比较合理，从而有利于提供各种尺度过程的认识，特别是多点同步观测和观测浮标陈列可以提供同一种时刻的海洋分布。

3. 大面观测

大面观测是为了解一定海区环境特征（如水文、气象、物理、化学、地质和生物）的分布和变化情况以及彼此间的联系，在该海区设置若干观测点，隔一定时间（近海一般为一个月）作一次巡回观测。每次观测应争取在最短时间内完成，以保证资料具有较好的代表性。观测时的测点称为大面积测站。

4. 断面观测

一般在调查海区设置由若干具有代表性的测点组成的断面线，沿此线由表到底进行。断面观测是在基本搞清某一海区的水文特征和海流系统之后，为进一步探索该海区各种海洋要素的逐年变化规律采用的一种调查方式。观测时的测站称为断面观测站。

5. 连续观测

连续观测是为了解水文、气象、生物活动和其他环境特征的周日变化或逐日变化情况所采用的一种调查方式。在调查海区选取具有代表性的某些测点,按规定的时间间隔连续进行24h 以上的观测。观测项目包括海流、海浪、水温、盐度、水色、透明度、海发光、海冰、气象、生物、化学、水深和研究所需的特定项目等。观测时测点称为连续观测站。

6. 辅助观测

为弥补大面观测的不足,利用渔船、货船、客船、军舰和海上平台等,按统一时间就地进行的海洋学观测为辅助观测,目的是为了获得较多的同步海洋观测资料,以便更详细、更真实地了解海洋环境特征的分布情况。辅助观测对海洋水文预报尤为重要。观测时观测者所在的地理位置称为辅助观测站,它没有固定的标定站位。

7. 自动遥测浮标站

它是目前世界上长时间连续同步观测和收集资料的基本方法之一,它不受天气限制,可以终年在海上获取资料。现在无人浮标观测站有固定的、自由飘浮的、自动水下升降的等,可以适应不同需要。运用海洋浮标,可以实时监测浮标投放点的风速、风向、气温、气压、相对湿度、降雨量、流速、流向、波高、波周期、潮位、水温和盐度等水文气象参数。

8. 海洋立体化观测

20 世纪 70 年代后期以来,人们对海洋立体观测系统的认识进一步深化,以调查船为主体的立体观测系统,逐步成为以调查船、岸站、浮标、卫星四大主结构组成的海洋立体观测系统。调查船、浮标配置在水面,岸边设置观测站,深潜器和水下自动观测装置活动于水下和海底,飞机和卫星运行于空中,构成了海洋立体观测监视系统。海洋遥感卫星遥感范围广,同步性强,资料提供及时,可以大大改善海洋预报和海洋资源勘察能力。

二、海洋环境调查基本程序

海洋环境调查是个系统性强的工作,各项任务须严格论证,充分准备,保证调查过程中的连贯性和准确性。海洋环境调查的基本程序包括以下几个阶段。

(1)项目委托与合同签订阶段。主要包括:委托项目、评审合同、签订合同。

(2)调查准备阶段。主要包括:确定项目负责人,收集、分析调查海区与调查任务有关的文献、资料,确定首席科学家(或调查技术负责人),进行技术设计、编写调查计划、报项目委托单位审批,组织调查队伍、明确岗位责任,做好资源配置、申报航行计划、做好出海准备。

(3)海上作业阶段。主要包括:获取现场资料和样品,编写航次报告,验收本航次原始资料和样品。

(4)样品分析阶段。主要包括:验收、交接、预处理样品,分析、测试与鉴定样品,处理数据与样品处置。

(5)资料处理与调查报告编写阶段。主要包括:验收原始资料,处理资料与编制资料报表。编绘成果图件,编写调查报告。

(6)调查成果的鉴定与验收阶段。主要包括:调查资料和成果的归档,调查成果的鉴定和验收。

第二节　海洋生物调查

海洋生物是海洋有机物质的生产者,广泛参与海洋中的物质循环和能量交换,对其他海洋环境要素有着重要的影响。海洋生物调查的任务是查清调查海区的生物种类、数量分布和变化规律,为海洋生物资源的合理开发利用、海洋环境保护、国防及海上工程设施和科学研究等提供基本资料。

一、调查内容与方式及采样与时间

(一)海洋生物调查的内容与方式

调查内容主要有叶绿素、初级生产力、微生物、浮游生物、底栖生物、游泳生物、污损生物、潮间带生物等,必要时还要包括渔业资源声学方面的调查。调查方式包括大面观测、断面观测和连续观测。

(二)海洋生物采样与时间的划分

海洋生物采样包括水质采样、拖网采样、底质采样和挂板采样,而调查时间包括调查次数和季节划分。

1. 水质采样

水质采样适用于叶绿素浓度、初级生产力、微生物、微型和小型浮游生物等调查项目的水样采集,应按规定水层采样,如表3-1所示。

2. 拖网采样

拖网采样适用于大、中型浮游生物、鱼类浮游生物、大型底栖生物、游泳动物调查和渔业资源声学调查与评估等项目的采样。

3. 底质采样

底质采样适用于微生物、潮间带生物和大、小型底栖生物调查项目的采样。

4. 挂板和水面或水中设施上采样

挂板和水面或水中设施上采样适用于污损生物调查的采样。

5. 调查时间、次数和季节划分

调查时间和调查次数应根据调查水域环境条件和调查目的来确定。

表3-1　采水层次　　　　　　　　　　　　　单位:m

测站水深范围	标准层次	底层与相邻标准层的最小距离
<15	表层、5、10、底层	2
15~50	表层、5、10、30、底层	2
50~100	表层、5、10、30、50、75、底层	5
100~200	表层、5、10、30、50、75、100、150、底层	10
>200	表层、5、10、30、50、75、100、200、底层	

注:①表层指海面下 0.5m 深度以内的水层;②水深小于 50m 时,底层为离底 2m 的水层;③水深在 50~200m 时,底层为离底 5m 的水层;④可根据调查的特殊需要,酌情增加 200m 以深的采水层次;⑤条件许可时,应充分考虑跃层和采集叶绿素次表层最大值所处的水层。

(1)河口、港湾、沿岸海区和边缘海调查。在受气象、流系的季节性影响显著的边缘海应每季度调查一次;而受气候、水文的季节性影响明显而且物质来源复杂的河口、港湾和沿岸海区,通常应每月(至少每季度)调查一次(潮间带生物每年调查 2~4 次);如有特殊需要可酌情调整调查次数。若进行逐季或逐月调查,各季或各月调查的时间间隔应基本相等。进行河口、港湾调查时,应充分考虑潮汐的影响。

然而,一般以 3—5 月为春季,6—8 月为夏季,9—11 月为秋季,12 月—翌年 2 月为冬季,并分别以 5 月、8 月、11 月和 2 月代表春夏秋冬四个季节,但热带海域应根据具体的海洋环境条件和调查目的酌情调整调查时间和调查次数。

(2)大洋和极地海域调查。应根据调查目的,选择调查时间、确定调查次数。

二、微生物调查

微生物是指一群个体微小、结构简单、生理类型多样的单细胞或多细胞生物。微生物调查的技术要求和常用仪器如下。

(一)技术要求

这种要求概括起来有以下 4 方面:①采样层次与叶绿素一致;②无菌操作,即包括采水用具、实验室操作等;③样品应在采样后 2h 内处理、分析,如果做不到应将样品放入冰箱保存,但不能超过 1d;④微生物分析要素,指海洋微生物现存量,即细菌总数与微生物其他类别(放线菌、酵母和霉菌等)的丰度和微生物种类组成。

(二)常用仪器

这些仪器主要有以下 4 种:①QCC3-1 型击开式采水器,如图 3-1 所示;②QCC14-1 型不锈钢击开式采水器和 QCC3-1 型击开式采水器类似;③FJ-2107 液体闪烁计数器,FJ-2107 液体闪烁计数器用于测量 ^3H、^{14}C、^{35}S 等低能 β 放射性强度,也可测 ^{32}P 水溶液的切伦科夫辐射,仪器装有可自动送入或退出测量室,可作外标准道比测量,进行 100 个样品自动换样、测量、打印、数字显示;④FJ-2603Ga 为 β 弱放射性测量装置,用于低水平环境样品的放射性活度的测量。主要适合于环境、河流、底泥、食品、水质、生物制品等微弱 α、β 放射性样品的活度测量,可对核爆炸后环境污染水平进行监测,对各受放射性污染的样品进行具体总量测定。可作为核辐射剂量防护性仪器装备。

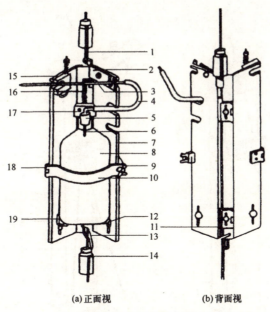

(a)正面视　　　　　　　　**(b)背面视**

图 3-1　击开式采水器示意

1-钢丝绳;2-敲击杠杆;3-入水玻璃器;4-橡皮管;5-橡皮塞;6-玻璃管;7-机架;8-采水瓶;
9-元宝螺母;10-铜带 11-固定夹;12-托板;13-挂钩;14-使锤;15-弹簧夹;16-弹簧连接杆;
17-连接杆固定板;18-枢铰;19-托板升降孔

三、浮游生物调查

浮游生物是指缺乏发达的运动器官,运动能力很弱,只能随水流移动,被动地漂浮于水层中的生物群。浮游生物分有微微型、微型浮游生物、小型浮游生物、大中型浮游生物,它们的调查也从技术要求、分析方法和资料整理着手,具体叙述如下。

（一）微微型、微型浮游生物

调查这一类型浮游生物的技术要求,概括起来有以下两方面:①对于微微型浮游生物以进口多瓶采水器或国产有机玻璃 2.5dm³ 采水器(见图 3-2),采集 50~200cm³ 水样,1%的多聚甲醛溶液、液氮保存。于室内落射荧光显微镜和流式细胞仪,根据其所含色素的荧光特性区分蓝细菌和聚球藻。计数异养细菌、聚球藻、原绿球藻和真核球藻;②对于微型浮游生物,采水器方式采集预定水层微型金藻、微型甲藻、微型硅藻、无壳纤毛虫和领鞭虫等样品,用孔径 20μm 的筛绢预过滤去除大于 20μm 的生物,样口用鲁哥氏液固定,每 1dm³ 水样加入 10~15cm³,根据样品的实际浓度作适当增减。对样品做电镜观察分析,选用戊二醛固定,根据样品浓度加入样品体积的 2%~5%。采样情况记录于浮游生物海上采样记录表室内采用光学显微镜计数和分类鉴定。

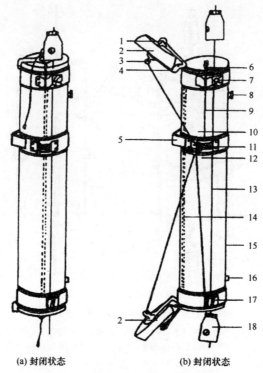

(a) 封闭状态　　　　　(b) 封闭状态

图 3-2　QCC2 型有机玻璃采水器示意

1-内侧挂钩;2-球盖;3-金属环;4-金属活页;5-把手;6-弹簧;7-固定夹螺丝;8-气门;
9-触杆;10-上挂钩;11-弹簧片;12-下挂钩;13-钢丝绳;14-橡皮拉筋;15-采水桶;
16-出水嘴;17-钢丝绳槽;18-使锤

至于微微型、微型浮游生物调查的分析方法,概括起来有下列 6 个方面:①光学显微镜和电子显微镜检测。即依据传统浮游生物的形态分类特征,在光学和电子显微镜下检测分类和记数,实际标本镜检数不少于 100~300 个,网采样品每次实际标本镜检数不少于 500 个;②药射荧光显微镜区分蓝细菌和聚球藻。即滤膜加无自发荧光油于镜下,根据蓝细菌和聚球藻所含色素的荧光特性,选择特定波长,区分蓝细菌和聚球藻;③流式细胞技术,这种技术简称 FCM,即将样品细胞悬浮于液体中,在流动过程中细胞一个个地经过测量区,并同时用多个探头对单个藻细胞的信号进行测量记数。测量指标有前向散射光强度、侧向散射光强度、叶绿素荧光(红色,大于 650nm),藻红素荧光(橙色,564~606nm)和藻胆素荧光(绿色,515~545nm)等多个特征值,并以此进行分类鉴定的方法,该法可以鉴定出真核生物、原绿球藻、聚球藻等微微型浮游植物的各大类群,并分别确定它们的生物量。④反相高效液相色谱测定叶绿素和类胡萝卜素鉴定法。该法是将一定粒径的微型或超微型浮游植物过滤收集后,利用反相高效液相色谱技术,测定浮游植物中不同种类的叶绿素和类胡萝卜素的含量,通过 Chia、Chib、Chlc1+c2、多甲藻素、岩藻黄素、叶黄素、玉米黄素、β 胡萝卜素等十几种叶绿体色素,特别是类胡萝卜素的定量测定,来区分并定量确定微型和超微型浮游植物生物量,并根据相关的关系求出样品中甲藻、硅藻、定鞭藻、蓝藻和原绿藻等其他微型和微微型藻类的生物量和生产力;⑤变性梯度凝胶电泳法。此法是 PCR 扩增的 DNA 双链,加入含有变性剂梯度的凝胶进行电泳,末端一旦解链,其在凝胶中的电泳速度会急剧下降。如果某一区域首先解链,而与其仅有一个碱基之差的另一条链就会有不同的解链温度。因此,就可将二者分开,使用加 GC 夹的引物提高分辨率到 100%;⑥变性高效液相色谱为基础的核苷酸片段分析系统,即具有专利的分离柱是使用合成材料制成的微粒,表面能吸附核苷酸片断,结合高效液相色谱洗脱技术,不同的片段将以不同的洗脱速率洗脱出来,经自动紫外检测,不同种类则在不同位置显示不同的峰,并呈不同峰形,还可分别回收。

(二)小型浮游生物

调查这一类型浮游生物的技术要求,概括起来有以下 5 个方面:①采样层次和水量:按规定标准层采样,采水量 $500 \sim 1000 cm^3$;②垂直拖网:小型浮游生物用浅水 Ⅲ 型浮游植物网或小型浮游生物网采集,按规定的网具自海底至水面垂直拖网取样,如图 3-3 所示。固定后在实验室内进行样品的分析鉴定。③垂直分段拖网:连续站或有特殊要求的站位,则采用垂直分段拖网,网具的规格如表 3-2,垂直分段拖网采样水层如表 3-3;④连续观测的时间和次数:每 3h 采 1 次,共采 9 次;⑤种类鉴定与计量:水采样品每次实际标本镜检数不少于 $100 \sim 200$ 个;网采样品每次实际标本镜检数不少于 500 个。

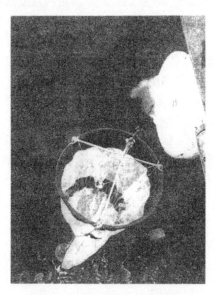

图 3-3　垂直生物拖网采样示意

表 3-2　网具的规格及适用对象

序号	浮游生物网具名称	网长/cm	网口内径/cm	网口面积/m²	筛绢规格(孔径近似值)/mm	适用范围及采集对象
1	小型	280	37	0.1	JF62(0.077) JP80(0.077)	适于 30m 以深垂直或分段采集小型浮游生物
2	浅水 Ⅲ 型	140	37	0.1	JF62(0.077) JP80(0.077)	适于 30m 以浅垂直或分段采集小型浮游生物
3	手拖定性	60	22	0.038	NY20HC(0.020) NY10HC(0.010)	用于小型和微型浮游植物的种类组成分析及藻类的分离

表 3-3　微微型、微型和小型浮游生物垂直分段拖网(连续观测站)　　　　单位:m

测站水深	拖网采样水层
<20	10~0,底~10
20~30	10~0,20~10,底~20
30~50	10~0,20~10,30~20,底~30
50~100	10~0,20~10,30~20,50~30,底~50

至于小型浮游生物资料整理,归纳起来有以下 5 个方面:①样品分类鉴定;②丰度的计算;③填写小型浮游生物数量统计表;④按分类系统和种类出现季节,填写小型浮游生物种类名录;⑤绘制浮游植物、浮游植物优势等细胞密度平面分布图。

(三)大中型浮游生物

这类浮游生物调查的技术要求:利用大、中型浮游生物网或浅水Ⅰ型、Ⅱ型浮游生物网采集大中型浮游生物。大网供湿重生物量测定后进行种类鉴定和计数,中网只供种类鉴定和计数。每次下网前应检查网具、网底管等是否处于正常状态,流量计是否回零。落网入水,当网口贴近水面时,调整计数器指针于零位置,然后以 0.5m/s 左右的速度落网,以钢丝绳保持紧直为准;当网具接近海底时,减低落网速度,一旦沉锤着底,钢丝绳出现松弛时,应立即停车,记录绳子长,并立即以 0.5~0.8m/s 速度起网;网口未露出水面前不可停车;网口升到适当高度后,用冲水设备自上而下反复冲洗网衣外部,使黏附于网上的标本集中于网底管内;将网收入甲板,开启网底管活门,把样品装入标本瓶;用于测定湿重生物量和种类鉴定计数的样品用中型甲醛溶液固定,加入量为样品体积的 5%,海上采集情况记录于浮游生物海上采集记录表。

关于资料整理,通常用以下两种方法:①大、中型浮游生物数量统计表;②大、中型浮游生物数量时空分布。

四、底栖生物调查

底栖生物是指生活于海洋基底表面或沉积物中生物的总称,有大型底栖生物和小型底栖生物之分。底栖生物的调查主要依仪器设备、技术要求以及资料整理的三方面技术。现分述如下。

(一)大型底栖生物

大型底栖生物是不能通过 1.0mm 筛网的种类,除在滨海带之外,大型底栖生物都是动物。

调查时主要的仪器设备,有采泥器和网具。抓斗式采泥器,采样面积 0.1m² 或 0.5m²;弹簧式采泥器,采样面积 0.1m²;箱式采泥器,用于分层采泥,采样面积 500mm×500mm×500mm,或者 250mm×250mm×250mm。而使用的网具,主要有阿氏拖网、三角形拖网、珩拖网及双刃拖网。阿氏拖网为网口宽度为 1.5~2.0m 或 0.7~1.0m 的拖网,适宜底质为泥沙的海底;三角形拖网的网口大小及网衣结构同阿氏拖网,适合于底质较复杂的海区采样;珩拖网则适宜水深 100m 以内水域,特别是底质松软的海区;双刃拖网适用于底质为岩礁、碎石或沙砾的海区。

至于调查的技术要求,主要为以下 5 个方面:①采样面积:每个站位不少于 0.2m²;②套筛网目:上层 2.0~5.0mm,中层 1.0mm,底层 0.5mm;③生物量测定精度:湿重±0.1g,干重±0.

1mg 烘干温度 70~100℃;④种类鉴定计数:常见种类必须给出种名,按种计数;⑤拖网时调查船航速在 2kn 左右,航向稳定后投网,拖网绳长一般为水深的 3 倍,近岸浅水区应为水深 3 倍以上,拖网时间为 15min。

(二)小型底栖生物

小型底栖生物是指可被 0.1~1.0mm 筛网截留的种类,通常是由少数较大的原生动物(特别有孔虫)以及线虫、介形虫、涡虫类和猛水蚤类组成,同时也包含有大型底栖动物(如多毛类、双壳类)的幼体。

小型底栖生物调查时使用的主要仪器设备有以下 3 种:①抓斗式采泥器:采样面积 0.1m² 或 0.5m²;②弹簧式采泥器:采样面积 0.1m²;筛式采泥器:用于分层采泥,采样面积 500mm×500mm×500mm,或 250mm×250mm×250mm 的柱状取样管,如图 3-4 所示。

图 3-4 WYC1-1 型小型底栖生物柱状取样管示意

关于调查时技术要求,归纳起来有以下 7 个方面:①从取样器取芯样,必须是受扰动的采泥样品;②取芯样的个数,依据种群的空间分布型而定,小型底栖生物系斑块状分布,每站取小型生物芯样 2~5 个,芯样的内径为 2.6cm。2 个芯样计数满足一般调查需要,而 3 个或 4 个芯样则满足多元统计分析"零"假设检验的需要,5 个芯样则为特殊类群粒径谱和能量谱分析的需要;③芯样的长短和分层一般有效芯样长度是 10cm 左右,分层为 0~2cm,2~5cm,5~10cm。一般海域 0~5cm 可保证 90% 左右取样精度,而 0~10cm 可达到 0.5%~98% 左右的精度;④套筛网目:上层 0.5mm,中层 0.2mm,底层 0.042mm;⑤Ludox—TM 离心分选 3 次,分选效率应保持在 95% 以上;⑥小型底栖生物的生物量测定用体积换算法,检验和校准使用梅特勒超微量分析天平(±0.1μg);⑦小型底栖生物生产力的计算采用 P/B 值转换法,也可采用现场 BCDTS 系统测定和 ATP 校验。

(三)底栖生物资料整理

通常使用以下 7 种方法:①底栖生物密度和生物量的平面分布;②小型底栖生物丰度和生物量的空间分布;③小型底栖生物主要类群丰度和生物量分布;④小型底栖生产最主要类群(数量占 70%~95%)海洋线虫的群落结构及其生物多样性;⑤小型底栖生物另一个类群,底栖桡足类的群落结构及其多样性;⑥小型底栖生物最重要类群,海洋线虫的粒径谱和能量谱;⑦线虫和底栖桡足类优势种,常见种的种名录。

五、游泳生物调查

游泳生物是指具有发达的运动器官,能自由游动,善于更换栖息场所的一类动物的总称,这里主要指鱼类(包括仔鱼和鱼卵)。对鱼类的调查,着重在采样和分类鉴定。

(一)鱼类

对鱼类的采样,有定性采样和定量采样之分。定性采样一般在海水表层(0~3m)或其他水层进行水平拖网 10~15min,航速为 1~2kn。所用网具、水层及拖网时间应分别根据调查目的和调查区鱼卵和仔稚鱼密度来决定。这种采样方式也可作为定量样品,但网口应系流量计。而定量采样,主量样品由海底至海面垂直或倾斜拖网,落网速度为 0.5m/s,起网速度为 0.5～0.8m/s。采样情况记录于鱼类浮游生物海上采样记录表中,采用浅水Ⅰ型浮游生物网。

对于连续观测的时间与次数,通常是当水深小于 50m 的每 3h 采样 1 次,共 9 次;对于水深大于 50m 而采样深度在 500m 的每 4h 采样 1 次,共 7 次。

在调查时垂直拖网过程中(尤其是起网过程中)不得停顿,钢丝绳倾角不得大于 45°,若大于时只能作为定型样品,需重新采样 1 次。冲网时应保持较大水压,确保网中样品全部收入样本瓶。湿重生物量测定准确度为±1mg。

(二)仔鱼、鱼卵分离和分类鉴定

从网采浮游生物样品中,用吸管吸取水样放于表面皿中,置解剖镜下,用解剖镊或小头吸管取出鱼卵、仔鱼。分别放到培养皿中进行分类鉴定和计数。如果出现未能分类计数的,应分别放到标本瓶中加 3%的福尔马林并加编号标签保存。

对于分类鉴定,通常将初步分离的样品逐一进行分类鉴定,要尽可能鉴定到种(特别是经济种、指标种)并按计数和编写名录。将分类后的鱼卵、仔鱼依种或类别计算其数量。

六、污损生物调查

污损生物是指生活于船底及水中一切设施表面的生物。这类生物一般是有害的。对这类生物的调查通常采用以下两种方法。

(一)调查要素和技术要求

概括起来有下列 5 个方面:①污损生物调查包括大型污损生物调查和微型污损生物调查。一般污损生物调查只对大型污损生物进行调查。如果有特殊需要,可对微型污损生物进行调查;②现场调查时,大型和微型污损生物挂板回收率可达 100%,而且应保持试板生物标本完好;③对船舶和其他海上设施进行污损生物调查时,要求代表性强,取样准确;④大型污损生物调查的试板采样环氧酚醛玻璃布层压板,辅以船舶及其他海上设施调查,必须提供种类、数量、附着期和季节变化;⑤微型污损生物调查的试板采用载玻片,要提供主要微型污损生物种类及数量。

(二)大型污损生物调查采样

这里着重介绍港湾挂板调查、港湾以外海域挂板调查以及从船舶和其他设施上取样调查3 种方法。

1. 港湾挂板调查

通常有以下 5 种做法:①挂板的选择。一律用厚 3mm 环氧酚醛玻璃布层压板,每片宽80mm,长 140～150mm,试板正中钻两个相距 50mm,孔径 7mm 的串板孔。每个点放 2 个组板,每组 2 个水层,具体数量如表 3-4 所示;②挂板点的选择。根据研究目的,在研究海域附近选择有浮码头、浮筏、浮标或水产业的吊养缆绳等处挂板;要求水流畅通、兼顾不同盐度、布点要有代表性;③每点挂板一周年。分月板、季板、半年板和年板;④每组板分表层和中层。表层板上缘正好露出水面,中层板离水面 2m。海区水深超过 5m 的水域,可在离底 0.5m 处增挂底层板,挂板的表面应与水面垂直;⑤从水中取出的试板应在现场包于纱布之中,系以标签,然后固定在 5%～8%的中性甲醛溶液中。

表3-4 试板种类、规格及数量

板别	月板	季板	半年板	年板
规格/mm	3×80×140	3×80×145	3×80×150	3×80×150
数量/片	2×2×12＝48	2×2×4＝16	2×2×2＝8	2×1×2＝4

2. 港湾以外海域挂板调查

有以下3点要求。①挂板的选择：一律用厚3mm环氧酚醛玻璃布层压板，每片宽200mm，长300mm；②挂板方式：挂于特别浮标或潜标上；③挂板层次：表层（离海面2m）、10m、50m、100m、150m、200m底层（离底5m）。

3. 从船舶及其他设施上取样调查

通常以船舶、浮标、海中平台、遥测浮标、潜标、海底声呐外壳、沉船、海底电缆、冷却水管道系统、渔业设施等长期处于海水中，上面固有大量污损生物，可按一定面积取样固定（一般为20cm×20cm或30cm×30cm）。

第三节 海洋化学调查

本节内容着重在常规海洋化学要素调查、海水污染物质调查、大气化学采样分析以及常用主要仪器四个方面，特别强调的是海水污染物质调查，因为它与渔业生产关系更大。

一、常规海洋化学要素调查

常规海洋化学要素很多，如溶解氧，pH、总碱度、活性硅酸盐、活性磷酸盐、亚硝酸盐、铵盐、氯化物等。这里重点介绍以下几种。

（一）溶解氧

溶解氧是指溶解在海水中的氧气。调查方法有两种：一是碘量滴定法；二是分光光度法。具体如下。

1. 碘量滴定法

它的基本原理是：当水样加入氯化锰和碱性碘化钾试剂后，生成的氢氧化锰被水中溶解氧氧化生成 $MnO(OH)_2$ 褐色沉淀。加硫酸酸化，沉淀溶解，用硫化硫酸钠标准溶液滴定完析出的碘，换算溶解氧含量。

采样方法，具体操作如下。①采样瓶：棕色磨口硬质玻璃瓶，瓶塞为斜平底，样瓶容积约120cm³，事先经准确测定容积至0.1cm³；②每层取两瓶水样；③取水样时将乳胶管的一端接上玻璃管，另一端套在采水器的出水口，放出少量水冲洗水样瓶两次，将玻璃管插到取样瓶底部，慢慢注入水样，待水样装满并溢出约为瓶子体积的1/2时，将玻璃管慢慢抽出，立即用自动加液器依次注入1.0cm³氯化锰溶液和1.0cm³碱性碘化钾溶液。塞紧瓶塞并用手抓住瓶塞和瓶底，将瓶缓慢地上下颠倒20次，浸泡在水中，允许存放24h，即采用碘量法滴定。

而技术指标即测定范围：$5.3 \sim 1.0 \times 10^3 \mu mol/dm^3$；检测下限：$5.3 \mu mol/dm^3$；精密度：含量低于$160 \mu mol/dm^3$时，标准偏差为$\pm 2.8 \mu mol/dm^3$；含量大于或等于$55 \mu mol/dm^3$时，标准偏差

为 $\pm 4.0 \mu mol/dm^3$。

2. 分光光度法

具体操作是:①水样瓶为 $60 cm^3$ 棕色磨口玻璃瓶;②装取方法:每层水样装取两瓶;③在波长 456nm 下进行分光测定。

(二)pH

pH 是指海水中氢离子活度的负对数,即 $PH = -lg[a_N]$,pH 的调查基本原理与采样要求如下。

1. 基本原理

海水中的 pH 值是根据测定玻璃—甘汞电极对的电动势而得。将海水水样的 pH 与标准溶液的 pH 和该电池电动势的关系定义为:

$$pH_x = pH_s + (E_s - E_x)/(2.3026RT/F)$$

当玻璃—甘汞电极对插入标准缓冲溶液时,令:

$$A = pH_x + \frac{E_x}{2.3026RT/F}$$

当玻璃—甘汞电极对插入水样时,则

$$pH_x = A - \frac{E_x}{2.3026RT/F}$$

在同一温度下,分别测定同一电极对在标准缓冲溶液和水样中的电动势,则水样的 pH 值为:

$$pH_x = pH_s + \frac{E_s - E_x}{2.3026RT/F}$$

式中: pH_x——水样的 pH 值;

pH_s——标准缓冲溶液的 pH 值;

E_s——玻璃—甘汞电极对插入水样中的电动势,mV;

E_x——玻璃—甘汞电极对插入标准缓冲溶液中的电动势,mV;

R——气体常数;

F——法拉第常数;

T——热力学温度,K。

2. 采样

有下列 3 种做法:①水样瓶为容积 $50 cm^3$、双层盖聚乙烯瓶;②装取方法:用少量水样冲洗水样瓶两次后,慢慢地将瓶充满,立即盖紧瓶塞,置于室内,待水样温度接近室温时进行测定。如果加入 1 滴氯化汞溶液 $[\rho(HgCl_2) = 250g/cm^3]$ 固定,盖好瓶盖,混合均匀,允许保存 24h;③技术指标:准确度为 $\pm 0.02pH$,精密度为 $\pm 0.01pH$。

(三)总碱度

总碱度是指中和单位体积海水中弱酸阴离子所需氢离子的量。它的调查方法原理与采样如下。

1. 方法原理

向水样中加入过量已知浓度盐酸溶液以中和水样中的碱,然后用 pH 计测定此混合溶液的 pH 值,由测得值计算混合溶液中剩余的酸量,再从加入的酸总量中减去剩余的酸量即得到水样中碱的量。根据下列公式计算水样的总碱度:

$$A = \frac{V_{HCl} \times C(HCl)}{V_W} \times 1000 - \frac{a_H \times (V_W + V_{HCl})}{V_W \times f_{H+}} \times 1000$$

式中:　A——水样总碱度,mmol/dm^3;

　　　　$C(HCl)$——盐酸溶液标定浓度,mol/dm^3;

　　　　V_W——水样体积,cm^3;

　　　　V_{HCl}——盐酸溶液体积,cm^3;

　　　　a_{H+}——与测定溶液 pH 对应的氢离子活度;

　　　　f_{H+}——与测定溶液 pH 和实际盐度对应的氢离子活度系数。

2. 采样

具体做法如下:①水样瓶为容积 250cm^3、有塞、平底的硬质玻璃瓶,初次使用前要用 1.0% (V/V) 盐酸溶液或天然海水浸泡 7d,然后冲洗干净;②装取方法:用少量水样冲洗水样瓶两次,然后装取水样约 100cm^3(如需测定氯度应加采水样 100cm^3)立即塞紧瓶塞。有效保存时间为 3d;③技术指标。准确度:总碱度为 1.5mmol/dm^3 时,相对误差为±3.5%;总碱度为 2.2mmol/dm^3 时,相对误差为±2.5%;精密度:相对标准偏差为±1.5%。

(四)活性硅酸盐测定(硅钼蓝法)

活性硅酸盐是指 SiO_3^{2-}–Si 能被硅质生物摄取的溶解态正硅酸盐和它的二聚物。它的测定方法原理与技术指标如下。

1. 方法原理

水样中的活性硅酸盐在弱酸性条件下与钼酸铵生成黄色的硅钼黄络合物后,用对甲替氨基酚硫酸盐(米吐尔)—亚硫酸钠将硅钼黄络合物还原为硅钼蓝络合物,于 812nm 波长处进行分光光度测定。

2. 技术指标

测定范围:0.10~25.0μmol/dm^3;检测下限:0.10μmol/dm^3;准确度:浓度为 4.5μmol/dm^3 时,相对误差为±5.0%;精密度:浓度为 4.5μmol/dm^3 时,相对标准偏差为±4.0%。

(五)活性磷酸盐测定(抗坏血酸还原磷钼蓝法)

活性磷酸盐是指 PO_4^{3-}–P,能被浮游植物摄取的正磷酸盐,它的测定方法原理与技术指标如下。

1. 方法原理

在酸性介质中,活性磷酸盐与钼酸铵反应生成磷钼黄络合物,在酒石酸氧锑钾存在下,磷钼黄络合物被抗坏血酸还原为磷钼蓝络合物,于 882nm 波长处进行分光光度测定。

2. 技术指标

其测定范围:0.02~4.80μmol/dm^3;检测下限:0.02μmol/dm^3;准确度:浓度为 0.2μmol/dm^3 时,相对误差为±10%;浓度为 2.0μmol/dm^3 时,相对误差为±3.5%;精密度:浓度为 0.20μmol/dm^3 时,相对标准偏差为±10%;浓度为 2.0μmol/dm^3 时,相对标准偏差为±3.0%。

（六）亚硝酸盐测定（重氮-偶氮法）

亚硝酸盐是指 NO_2^--N，能被浮游植物摄取的亚硝酸盐，它的测定方法原理与技术指标如下。

1. 方法原理

在酸性（pH=2）条件下，水样中的亚硝酸盐与对氨基苯磺酰胺进行重氮化反应，反应产物与 I-萘替乙二胺二盐酸盐作用，生成深红色偶氮染料，于 543nm 波长处进行分光光度测定。

2. 技术指标

包括①测定范围：$0.02 \sim 4.00 \mu mol/dm^3$；②检测下限：$0.02 \mu mol/dm^3$；③准确度：浓度为 $0.5 \mu mol/dm^3$ 时，相对误差为±5.0%；浓度为 $1.00 \mu mol/dm^3$ 时，相对误差为±3.0%；精密度：浓度为 $0.3 \mu mol/dm^3$ 时，相对标准偏差为±5.0%；浓度为 $1.00 \mu mol/dm^3$ 时，相对标准偏差为±2.0%。

（七）硝酸盐测定（锌镉还原法）

硝酸盐是指 NO_3^--N，能被浮游植物摄取的硝酸盐。它的测定方法原理与技术指标如下。

1. 方法原理

同镀镉的锌片将水样中的硝酸盐定量地还原为亚硝酸盐，水样中的总亚硝酸盐再用重氮-偶氮法测定，然后对原有的亚硝酸盐进行校正，计算硝酸盐含量。

2. 技术指标

包括下列几个方面。①测定范围：$0.05 \sim 16.0 \mu mol/dm^3$；②检测下限：$0.05 \mu mol/dm^3$；③准确度：浓度为 $2.0 \mu mol/dm^3$ 时，相对误差为±7.0%；浓度为 $10.0 \mu mol/dm^3$ 时，相对误差为±4.0%；④精密度：浓度为 $5.0 \mu mol/dm^3$ 时，相对标准偏差为±4.0%；浓度为 $10.0 \mu mol/dm^3$ 时，相对标准偏差为±3.0%。

（八）铵盐测定（次溴酸钠氧化法）

铵盐是指 NH_4^+-N，能被浮游植物摄取的铵盐。它的测定方法原理与技术指标如下。

1. 方法原理

在碱性条件下，次溴酸钠将海水中的铵定量氧化为亚硝酸盐，用重氮-偶氮法测定生长亚硝酸盐和水样中原有的亚硝酸盐，然后对水样中原有的亚硝酸盐进行校正，计算铵氮的浓度。

2. 技术指标

包括下列几个方面。①测定范围：$0.03 \sim 8.00 \mu mol/dm^3$；②检测下限：$0.03 \mu mol/dm^3$；③准确度：浓度为 $1.00 \mu mol/dm^3$ 时，相对误差为±7.0%；浓度为 $7.0 \mu mol/dm^3$ 时，相对误差为±4.0%；④精密度：浓度为 $1.00 \mu mol/dm^3$ 时，相对标准偏差为±7.0%；浓度为 $7.0 \mu mol/dm^3$ 时，相对标准偏差为±3.0%。

（九）氯化物测定（银量滴定法）

氯化物是指 Cl^- 溶解于海水中的无机氯化物。它的测定方法原理与技术指标如下。

1. 方法原理

海水中的氯离子在中性或弱碱性条件下，用硝酸银溶液滴定形成氯化银沉淀，以荧光黄钠盐为指示剂判断滴定终点。当溶液由黄绿色则转变为浅玫瑰红色时,即为滴定终点。用相同方法滴定氯化钠标准溶液,从而计算海水样品氯离子浓度。

2. 技术指标

包括以下几个方面。①测定范围:$0.2 \sim 20.0 \text{g/dm}^3$;②检测下限:$0.2 \text{g/dm}^3$;③准确度:浓度为 2.0g/dm^3 时,相对误差为±1.0%;浓度为 18.0g/dm^3 时,相对误差为±0.15%;④精密度:浓度为 18.0g/dm^3 时,相对标准偏差为±0.10%。

(十)总磷测定(过硫酸钾氧化法)

总磷是指 TP-P,海水中溶解态和颗粒态的有机磷和无机磷化合物的总和。它的测定方法原理与技术指标如下。

1. 方法原理

海水样品在酸性和 $110 \sim 120℃$ 条件,用过硫酸钾氧化。有机磷化合物被转化为无机磷酸盐,无机聚合态磷水解为正磷酸盐,消化过程产生的游离氯,以抗坏血酸还原。消化后水样中的正磷酸盐与钼酸铵形成磷钼黄。在酒石酸氧锑钾存在下,磷钼黄被抗坏血酸还原为磷钼蓝,于 882nm 波长处进行分光光度测定。

2. 技术指标

包括以下几个方面。①测定范围:$0.09 \sim 6.4 \mu\text{mol/dm}^3$;②检测下限:$0.09 \mu\text{mol/dm}^3$;③准确度:以甘油磷酸钠($C_3H_7NaO_6P \cdot 51/2H_2O$)为标准加入物,其方法回收率为 98%~100%;以六偏磷酸钠[($NaPO_3$)6]为标准加入物,其方法回收率为 93%-98%;④精密度:总磷浓度为 $1 \sim 64 \mu\text{mol/dm}^3$ 时,相对标准偏差±5%;⑤精密度:总磷浓度为 $1 \sim 64 \mu\text{mol/dm}^3$ 时,相对标准偏差±5%。

(十一)总氮测定(过硫酸钾氧化法)

总氮是指 TN-N,海水中溶解态和颗粒态的有机氮和无机氮化合物的总和,它的测定方法原理和技术指标如下。

1. 方法原理

采用过硫酸钾氧化法测定,海水样品在碱性和 $110 \sim 120℃$ 条件下,用过硫酸钾氧化,有机氮化合物被转化为硝酸氮。同时,水中的亚硝酸氮、铵态氮也定量地被氧化为硝酸氮,硝酸氮经还原为亚硝酸盐后与对氨基苯磺酰胺进行重氮化反应,反应产物再与 1-萘替乙二胺二盐酸盐作用,生成涂红色偶氮染料,于 543nm 波长处进行分光光度测定。

2. 技术指标

包括以下内容。①测定范围:$3.78 \sim 32.0 \mu\text{mol/dm}^3$;②检测下限:$3.78 \mu\text{mol/dm}^3$;③准确度:以标准有机氮物(日本化学会制)、甘氨酸为有机氮标准加入物进行回收实验,其方法回收率为 94%~100%;④精密度:浓度为 $20 \mu\text{mol/dm}^3$ 时,相对标准偏差±5%。目前国际上前沿的总氮的测定方法是采用高温燃烧法,方法原理与总有机碳的测定相同,只有在总有机碳测定后的出气口处连接一微量氮分析仪。氮化合物在高温下被氧化为氮气,进入微量氮分析仪后即可进行总氮的测定。

(十二)总有机碳和溶解有机碳

总有机碳测定:是用 2mol/L 盐酸先酸化水样,再通气鼓泡 10min,除去无机碳。然后将海水样品经过进样器自动进入总碳燃烧管中,通入高纯氧气将有机物氧化,由非色散红外检测器测量,此种测定结果为不可吹出有机碳含量,即不包括挥发性有机碳。挥发性有机碳在海水中含量相对很小,对测定结果影响不大。相对标准偏差2%,相对误差1%。

溶解有机碳测定:总有机碳的主要部分是溶解有机碳,是近年来海洋科学研究中的一个重点领域。溶解有机碳的测定原理与总有机碳相同。但水样的处理方式不同。采水需将水样用450℃灼烧过GF/F玻璃纤维滤膜过滤。相对标准偏差2%,相对误差1%。

(十三)悬浮物测定

采用Niskin采水器采集,样品现场采用事前经过称重的0.45μm醋酸纤维滤膜过滤,低温供干(50℃),带回陆地实验室使用时用万分之一或十万分之一分析天平测定。

二、海水污染物质调查

这里的海水污染物质调查,是指其调查方法的基本原理,其污染物质如石油、化学需氧量、生化需氧量、六六六与DDT、多氯联苯、重金属以及其他水质的分析方法,具体分述如下。

(一)石油污染的调查

它的调查方法是用荧光分光光度法,其基本原理是:海水中油类的芳烃的组分,用石油醚萃取后,在荧光光度计上,以310mn为激发波长,测定360nm的发射波长的荧光强度,其相对荧光强度与石油醚中芳烃的浓度成正比。

(二)化学需氧量(COD)调查

用玻璃或金属器皿,至少采100mL水样,用碱性高锰酸钾法来测量。其基本原理为:在碱性加热的条件下,用过量的高锰酸钾来氧化海水中需氧物质,然后在硫酸酸性条件下,用碘化钾还原过量的高锰酸钾和二氧化锰,所生成的游离碘用硫代硫酸钠标准溶液滴定。

(三)生化需氧量(BOD_5)调查

它的测定基本方法、采水样及其计算如下。

1.基本方法

用五日培养法,其基本原理为:水体中有机物在微生物的生物化学过程中,消耗水中溶解氧。用碘量法测定培养前、后的溶解氧含量之差,即为生物需氧量。培养5d的为5日需氧量(BOD_5)。水中有机质越多,生物降解需氧量也越多。一般水中溶解氧有限,因此必须用溶解氧饱和的蒸馏水稀释,为提高测定准确率,培养后减少的溶解氧要求占培养前的溶解氧的40%~79%为宜。

2.采水样

概括起来有下列两种:①对未受污染水样可直接用玻璃或金属器皿采样(不少于300mL),采样后应在6h内分析,若不能,则应放入在4℃或4℃以下冷藏器内保存,但不得超过24h。直接测定当天水样和经过5d培养后水样中溶解氧的差值,即为五日生化需氧量;②对已经污染的水域,必须用稀释水稀释后再进行培养和测定。

3.计算

用下列公式:

$$BOD_5 = \frac{(D_1 - D_2) - (D_3 - D_4) \times f_1}{f_2}$$

式中： BOD_5——五日生化需氧量,mg/L;

D_1——样品在培养前溶解氧,mg/L;

D_2——样品在 5d 培养后溶解氧,mg/L;

D_3——稀释水在培养前溶解氧,mg/L;

D_4——稀释水在 5d 培养后溶解氧,mg/L;

f_1——稀释水(V)在实验水样 V_3+V_4)中所占的比例;

f_2——水样(V)在实验水样(V_3+V_4)中所占的比例。

（四）六六六、DDT 的调查

采用水相色谱法,其基本原理为水样中六六六、DDT 经正己烷萃取,净化和浓缩,用填充柱气相色谱法测定其各异构体含量,总量为各异构体含量之和。

（五）多氯联苯、狄氏剂的调查

多氯联苯:采用气相色谱法。基本原理:海水样品经过树脂柱,多氯联苯及有机农药吸附在树脂上。用丙酮洗脱,正己烷萃取,通过硅胶混合层析柱脱水、净化、分离,浓缩的洗脱液经氢氧化钾-甲醇溶液碱解,浓缩后进行气相色谱测定。而狄氏剂:采用气相色谱法。

（六）重金属的污染调查

其采样和样品分析如下。其中采样,通常用以下做法。①器皿:Pyrex 玻璃瓶,高密度聚乙烯塑料瓶皆可;②方法:用采水器采集表层的样品,操作中应严防污染;③保存:0.45μm 滤膜过滤后加酸冷藏。

而样品分析,其方法如表 3-5 所示。

表 3-5　重金属分析方法

名称	分析方法	采水层次	技术指标
汞	冷原子吸收分光光度法	表、底	变异系数 7.2%~17%,相对误差 2.8%
镉	火焰原子吸收分光光度法	表、底	变异系数 7.9%,相对误差 4.9%
铅	火焰原子吸收分光光度法	表、底	变异系数 11%,相对误差 0.51%
总铬	火焰原子吸收分光光度法	表、底	变异系数 4.5%,相对误差 1.0%
砷	冷原子吸收分光光度法	表、底	变异系数 5%~10%,相对误差 5.1%
铜	火焰原子吸收分光光度法	表、底	变异系数 11%,相对误差 3.0%
锌	火焰原子吸收分光光度法	表、底	变异系数 9.3%,相对误差 2.8%
硒	荧光分光光度法	表、底	

（七）其他水质分析方法

在一些近岸工程项目中,例如,核电站对水质要求更加严格。因此,在对前述的第一部分常规海洋化学要素调查和第二部分海水污染物质调查的基础上,还要对海洋中其他水质项目进行分析,分析项目和方法如表 3-6 所示。

表 3-6　其他水质项目和分析方法

监测项目	方法	采样层
游离油	紫外分光光度法	表、底
油类总量	紫外分光光度法	表、底
氰化物	吡啶—巴比士酸分光光度法	表、底
硫化物	亚甲基蓝分光光度法	表、底
挥发性酚	4-氨基安替比林分光光度法	表、底
有机氯农药	气相色谱法	表、底
氨氮	靛酚兰分光光度法	表、底
无机磷	磷钼兰分光光度法	表、底
大肠菌群	发酵法、过滤法	表、底
放射性核素 U-238	Models 750 Geneie-2000,Alpha Analyst Manual	
放射性核素 Ra-226	ICP-AES Analyst manual 和 ICP-MS Analyst manual	
放射性核素 K-40	ICP-AES Analyst manual	
硬度($CaCO_3$)	EDTA 络合滴定法	
碱度($CaCO_3$)	酸碱滴定法	
钙	EDTA 络合滴定法	
镁	EDTA 络合滴定法	
钠	火焰原子吸收分光光度法	
钾	火焰原子吸收分光光度法	
铜	火焰原子吸收分光光度法	
铁	邻二氮杂菲分光光度法	
二氧化硅	硅钼兰分光光度法	
二氧化碳	酸碱滴定法	
硫酸根	硫酸钡重量法	
氯化物	银量滴定法	
亚硝酸根	奈己二胺分光光度法	
硝酸根	锌镉还原法	
总悬浮固体物(TDS)	重量法	
浊度	CTD 计	
总溶解颗粒物(TDS)	重量法	
酸度(pH)	pH 计法	
细	火焰原子吸收分光光度法	
钡	火焰原子吸收分光光度法	

监测项目	方法	采样层
生化需氧量（BOD）	五日培养法	
总有机碳（TOC）	TOC 计	
化学需氧量	碱性高锰酸钾法	表、底
挥发性有机物总量	色相色谱法	
Th-232	Models 570 Geneide-2000，Apha Analyst Manual	
溶解氧	碘量法	表、底
碳酸氢根	滴定法	
碳酸根	滴定法	
无机氮	计算法	表、底

三、大气化学采样分析

大气化学采样分析，包括相应海水中应测项目。大气化学工作是气象科学技术和业务服务的重要组成部分。研究大气成分（如温室气体、气溶胶粒子等）的现状及其变化趋势，预测它们对气候、环境和生态系统的可能影响，趋利避害，减缓不利影响的程度，对社会、经济、环境全面协调可持续发展提供预测预警服务，都具有重要的现实意义和显著的社会效益。

在《京都议定书》的附件 A，已给出了人类排放的温室气体主要有六种，即二氧化碳（CO_2）、甲烷（CH_4）、氧化亚氮（N_2O）、氢氟碳化物（HFC_S），全氟化碳（PFC_S）和六氟化硫（SF_6）。其中对气候变化影响最大的是 CO_2。它产生的增温效应占所有温室气体总增温效应的 63%，在大气中存留期最长可达 200 年。这里着重介绍碳氧化合物、颗粒物（大气气溶胶）、大气干湿沉降中的重金属以及大气化学调查技术指标的四方面内容。

（一）碳氧化合物调查

主要是 CO 和 CO_2。CO 是大气中排放量极大的污染物。全世界 CO 年排放量约为 $2.10×10^8$t，为大气污染物排放量之首。CO 是无色、无味的有毒气体，主要来源于燃料的不完全燃烧和汽车尾气。CO 化学性质稳定，可以在大气中停留较长时间，一般城市空气中的 CO 水平对植物和微生物影响不大，但对人类却是有害物质。而 CO_2 主要来源于生物呼吸和矿物燃料的燃烧，对人体无毒，CO_2 能引起温室效应，使全球气温逐渐升高、气候发生变化。

1. 大气 CO_2 样品采样

在船头顶部桅杆处固定一聚乙烯塑料采样管，管口距水面约 10m，并连接到实验室内，在船主机关闭之后徐徐滑进既定站位时，用空气泵将空气（经干燥）导入检测系统进样分析。

2. 表层海水中 CO_2 样品

用采水器采水，参照溶解氧的采样方法，将海水转移到 5L 的硬质塑料桶中，加入饱和 $HgCl_2$ 溶液（4mL）固定，并将桶进行密封，避免桶内外气体发生交换，立即测定海水中的 PCO_2。在船体航行过程中也可以连续将表层海水泵入既定容器中，然后测定。

（二）颗粒物（大气气溶胶）调查

颗粒物即颗粒污染物，是指大气中粒径不同的固体、液体和气溶胶体。粒径大于 $10\mu m$ 的固体颗粒称为降尘，由于重力作用，能在较短时间内沉降到地面。粒径小于 $10\mu m$ 的固体颗粒称飘尘，能长期飘浮在大气中，也称为可吸入颗粒物。总悬浮颗粒物（TSP），指分散在大气中的各种颗粒物，等于飘尘与降尘之和。

气溶胶是当今大气化学研究中最前沿的领域，对气溶胶与气候变化的研究则是这一研究领域的重要组成部分。为此，建立气溶胶观测站，以近地层气溶胶的物理化学特性（包括光学特性）、气溶胶光学厚度为观测内容。

（三）大气干湿沉降中的重金属调查

调查都从样品采集和样品分析进行，具体分述如下。

1. 干沉降

样品采集使用的仪器：大流量大气总悬浮颗粒物采样器；Whatman 41 号纤维素滤膜。采集的方法：海上气溶胶采样使用大流量大气采样器采集 TSP 样品。为了避免船体排放污染物对采样的影响，将采样器安装于船前舱顶板上，而且只在行船时才开机取样。在操作过程中应使用预处理的洁净的塑料镊子和一次性塑料手套以防玷污样品。而保存方法：恒重后冷冻保存。

至于样品分析，常采用以下四种方法。①总悬浮颗粒物（TSP）的测定：重量法；②金属总量的测定：样品经优级纯硝酸和高氟酸消化后用石墨炉原子吸收光度法测定铜、铅、镉、钒含量；用火焰原子吸收光度法测定锌、铝的含量；③酸熔态金属的测定。在滤膜正面采样有郊部位任意截取两块相同面积样膜，剪碎，分别放入 50mL 比色管中，加入一定量稀硝酸，过滤，定容。用石墨炉原子吸收光度法测定铜、铅、镉含量；用火焰原子吸收光度法测定锌、铝的含量；④可熔态金属的测定：样品用蒸馏水提取后，提取液用石墨炉原子吸收光度法测定铜、铅、镉、钒含量；用火焰原子吸收光度法测定锌、铝的含量。

2. 湿沉降

样品采集使用的仪器：聚乙烯塑料桶；高密度聚乙烯塑料瓶。采集方法：降水样品用聚乙烯塑料桶在船头采集。保存方法：在瓶中密封后存于冷箱中。

至于样品分析，即样品经过滤、调节 pH、定容后，用石墨炉原子吸收光度法测定铜、铅、镉、钒含量；用火焰原子吸收光度法测定锌、铝的含量。

（四）大气化学调查技术指标

详见表 3-7。

表 3-7　大气化学调查技术指标

序号	化学要素	技术指标
1	悬浮颗粒物	天平感量 0.1mg
2	甲基磺酸盐	精密度 5%，准确度 4%
3	DMS	精密度 5%，准确度 6%，最小检测量 0.05 ng DMS

续表

序号	化学要素	技术指标
4	二氧化碳气体	大气样品:准确度±0.2(106mol/mol);精密度<±0.1%;表层海水样品:精密度<±0.5%
5	甲烷气	大气中甲烷:检测限0.2ng;精密度<1%;海水中甲烷:检测限0.06nmol/L,精密度<3%
6	氮氧化物	检测限0.12μg/10mL,精密度<10%
7	亚硝酸盐	检出限0.14μmol/L,精密度1.81%
8	硝酸盐	检出限0.14μmol/L,精密度1.34%
9	铵	检出限0.14μmol/L,精密度2.71%
10	磷酸盐	检出限0.065μmol/L,精密度2.04%
11	硅酸盐	检出限0.071μmol/L,精密度2.81%
12	钠	检出限0.01μmol/L
13	钙	检出限0.03μmol/L
14	镁	检出限0.02μmol/L
15	总碳	检出限50μg/L,精密度<2%
16	铁	检测限0.221μg/L,相关误差3.8%,变异系数10.0%
17	铜	检测限0.2μg/L,相关误差9.6%,变异系数3.7%
18	铅	检测限0.03μg/L,相关误差8.9%,变异系数9.2%
19	镉	检测限0.01μg/L,相关误差18.0%,变异系数10.6%
20	铬	检测限0.4μg/L,相关误差4.5%,变异系数1.0%
21	钒	检测限1μg/L,相关误差10.0%,变异系数7.0%
22	锌	检测限3.1μg/L,相关误差7.4%,变异系数4.4%
23	铝	检测限0.03μg/L,相关误差11.0%,变异系数5.0%
24	汞	检测限0.5μg/L,相关误差5%~10%,变异系数2.8%
25	砷	检测限0.007μg/L,相关误差7.2%~17%,变异系数5.1%

四、常用主要仪器

海洋化学调查常用的主要仪器,有便携式溶解氧分析仪、分光光度计,以及其他的一些仪器如营养盐自动分析仪、原子荧光光谱仪、分光光度计等。这里着重介绍前面两种仪器。

(一)便携式溶解氧分析仪

这种仪器主要是为方便用户携带到现场使用的可显示被测水体溶解氧和温度的仪器。该仪器的结构可分为传感器和电子学两部分。

1. 传感器

传感器为极谱型覆膜氧电极,如图3-5所示。其阴极由直径4mm的黄金片构成,阳极为银电极。两个电极之间充满电解液。在金银两极之间加上约 0.7V 极化电压后,渗透过薄膜的氧在黄金阴极上还原产生如下反应:

阴极:$O_2+2H_2O+4e\rightarrow 40H^-$

阳极:$4\ Ag+4\ Cl-4e\rightarrow 4\ AgCl$

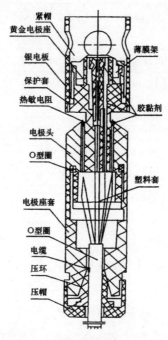

图 3-5 极谱型覆膜氧电极示意

由于电极上发生氧化—还原反应,电子转移产生正比例于样品中氧分压的电流,电流大小可用下式表示:

$$I=K\cdot M\cdot F\cdot A\cdot \frac{P_m}{L}\cdot C_S$$

式中: I——扩散电流;

　　　K——常数;

　　　M——反应过程中得失电子数;

　　　F——法拉第常数;

　　　P_m——薄膜的渗透系数;

　　　L——薄膜的厚度;

　　　A——阴极的面积;

　　　C_S——样品的氧分压。

2.电子学

此部分为带有温度补偿的放大器。来自电极的电流讯号,转变成电压讯号,经过放大输出,用数字显示结果。

(二)分光光度计

从其原理和分光光度测定装置调试的两方面来介绍,具体内容如下。

1. 基本原理

分光光度计可用在可见光谱区范围内(360~800nm),进行定量比色分析。其工作原理是:溶液中物质在光的照射激发下,产生了对光的吸收效应。而物质对光的吸收是有选择性的。一束单色光通过溶液时,其能量就会因为被吸收而减弱,减弱程度决定于物质浓度,即符合朗伯-比尔定律。

$$E = KCL$$

式中：　E——光的吸收值；

　　　　K——吸收系数；

　　　　C——溶液的浓度；

　　　　L——溶液的光径长度。

分光光度计的外形如图 3-6 所示。内部结构如图 3-7 所示。

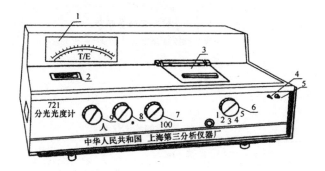

图 3-6　分光光度计外形示意

1-读数电表;2-波长读取口;3-比色计暗盒;4-开关;5-指示灯;6-灵敏度选择钮;

7-"100%"调节钮;8-"0"位调节钮;9-波长选择钮

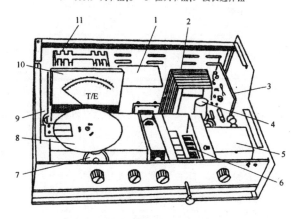

图 3-7 分光光度计内部结构示意

1-光源灯室;2-点源变压器;3-稳压电路控制板;4-滤波电解电容;5-光电管盒;6-比色计部分;

7-波长选择摩擦轮机构;8-单色器组件;9-"0"粗调节电位器;10-读数电表;11-稳压电源功率管部分

2. 分光光度测定装置调试

装有吸样器的分光光度计,其光室外侧加挂一个吸样三通阀,三端用 φ2mm 聚四氟乙烯管分别与高位槽(装蒸馏水)、流动式比色池和水样瓶连接,如图 3-8 所示。将波长调至要求的值,转动三通阀与蒸馏水桶联通,使蒸馏水充满管路(流量为 30～40cm³/min),再转动三通阀与盛有染色蒸馏水的水样瓶联通,染色水样被虹吸流经比色池(吸样流量控制在 20～30cm³/min),吸光值升高,待染色水样充满比色池,吸光值稳定后,再转动三通阀与蒸馏水桶联通,使蒸馏水冲洗比色池,至吸水值降至趋于零,并稳定。即可进行仪器调零。

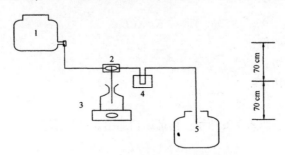

图 3-8 比色计测定装置示意

1-蒸馏水桶;2-三通阀;3-水样瓶与搅拌器;4-流动比色池;5-废液桶

(三)其他仪器

这些仪器如表 3-8 所示。

表 3-8　当前的测试仪器

仪器名称	型号	产地	用途
营养盐自动分析仪	AA3	德国	海水中各形态营养盐的测定
原子荧光光谱仪	AFS-820	中国	海水中砷、汞的测定
离子色谱仪	EP-2000 型	中国	测定雨水和气溶胶淋溶液中钾、钠、钙、镁、氯离子、硫酸根、氟离子
分光光度计	7230G	中国	海水中活性磷酸盐、硅酸盐、氨氮、亚硝酸盐、硝酸盐、总氮、总磷的测定
气相色谱	GC—14B	日本	海水中气体及石油类等有机物样品分析
总有机碳测定仪	TOC-Ycpn5000A	日本	测定海水中总有机磷,溶解有机碳和总无机碳
多功能水质监测仪	AAQ1183	日本	现场测定海水 pH 值、溶解氧、叶绿素 a 以及温度、盐度、深度等参数
总氮测定仪	TNunit TNM-1	日本	测定海水中总氮
红外 CO_2/H_2O 检测器	Li—Cor7000	美国	海水及大气中二氧化碳测定

仪器名称	型号	产地	用途
原子吸收分光光度计	3510	美国	火焰法用于测定海水中锌、大气中锌、铁、铝,石墨炉平台:测定海水中铬、总铬、铜、铅、镉,大气中铜、铅、镉、钒
气质色仪	6890A	美国	海水中气体及石油类等有机物样品分析
荧光分光光度计	F-4500	日本	水中石油类污染物检测,浮游植物叶绿素测量
冷冻干燥器	FREEZONE6	美国	样品冷冻干燥样品预处理

第四节　海洋声学光学要素调查

众所周知,电磁波是空气中传播信息最重要的载体,例如,通信、广播、电视、雷达等都是利用电磁波的。但是在水下电磁波几乎没有用武之地,这是因为海水是一种导电介质,向海洋辐射的电磁波会被海水介质本身所屏蔽,它的绝大部分能量很快地以涡流形式耗散掉,因而电磁波在海水中的传播受到严重限制。至于光波,本质属于更高频率的电磁波,被海水吸收损失的能量更为严重。因此,在人们所熟知的各种辐射信号中,以声波在海水中的传播性能为最佳。为此,本节着重介绍海洋声速测量、海洋环境噪声测量、水中目标物的声学探测以及海洋光学调查,共四方面内容。

一、海洋声速测量

海洋中的声传播特性取决于海水的温度、盐度、跃层、海水深度及界面(海底、海面)特性等环境条件。同时,由于声波是海水中唯一能远距离传播的能量形式,它也是研究海洋环境的最有效手段之一。目前,水声技术已用来测量海流、海浪、海水悬浮颗粒浓度、海水温度、海底地形地貌地质、海洋生物等环境要素,并发挥着越来越重要的作用。这里所谈的声速测量,先要明白声速的观测要素、站点的确定、测量方法和精度以及测量仪器等。

(一)观测要素

这种要素包括海水声速、声速梯度、声速跃层和水下声道。海水声速,是指声波在海水中传播的速度,单位为 m/s;声速梯度,是指海水中声速随深度的变化率,单位为 S^{-1};声速跃层,是指声速随深度急剧变化的水层;水下声道,是指海洋中声速随深度变化存在极小值时,若将声源置于极小值附近水层,声线将被约束在一定厚度水层的传播,传播过程声能损失极小,此水层称为水下声道。

(二)站点的确定

声学要素的调查站位应视要素水平变化而定,或者依海洋声学工程需要确定。综合调查时,海水声速调查的站位与温度、盐度调查的站位一致。海水声速调查的标准层次也与规范中规定的温、盐度调查的标准层次一致。对于具有中尺度现象的海域调查,应同时进行海流剖面测量。

（三）测量方法和精度

有直接测量和间接测量两种方法，并以前者为主，后者为辅。

1. 直接测量法

直接测量法是采用有关仪器直接测出声波通过水中固定两点所需的时间，从而求出声速值。

2. 间接测量法

间接测量法是根据海水声速与水温、盐度、压力（或深度）的关系所建立的海水声速经验公式，通过这些水文参数的测量数据换算出各水层的海水声速值。这种方法只适用于已有海水声速经验公式的海域。而大洋海水的声速公式和数据处理按 GB12763.7 规定。水温和盐度数据都必须达到二级准确度。

3. 范围与精度

一般范围取 $1430 \sim 1650 \text{m/s}$，极限范围取 $1400 \sim 1600 \text{m/s}$。测量准确度：一级标准为绝对误差不超过 $\pm 0.20 \text{m/s}$。二级标准为绝对误差不超过上 $\pm 0.75 \text{m/s}$。

（四）测量仪器

通常使用 LSC—II 型吊挂式声速仪和 LSSI—I 抛弃式声速仪。具体是：

（1）LSC—II 型吊挂式声速仪：采样环鸣法（或脉冲循环法）测量声速。同时可以测量仪器所在深度。测量范围 $1450 \sim 1550 \text{m/s}$，准确度不超过 $\pm 0.20 \text{m/s}$。

（2）LSSI—I 抛弃式声速仪：用于测量大洋声速垂直梯度，在走航条件下，将探头投入海中，置于探头内的声速传感器在下沉过程中不断地将周围海水中声速值转换成与之成正比的电信号，频率值，传送到水面信号处理系统进行处理。再从该系统读出声速值，绘出声速垂直梯度曲线和声速—深度曲线。

（五）资料处理

内容包括声速跃层确定、声道特征分布图绘制以及声速垂直分布的数学拟合三方面。

1. 声速跃层确定

在该水层中，平均声速梯度的绝对值在水深大于 200m 的海区内不小于 0.2S^{-1}，或在水深不大于 200m 的海区内不小于 0.5S^{-1}，并且层顶与层底上的声速差不小于 1.0m/s 为声速跃层，跃层中的平均声速梯度即为声速跃层强度。

2. 声道特征分布图绘制

该图包括声道轴上的声速、声道轴深度、声道上界和下界深度分布图。其中；①声速极小值，即为声道轴上的声速；②声速极小值所在深度，即为声道轴深度；③声道轴上侧负梯度层的顶界与下侧正梯度层的底界，两者中取声速值较小者，为声道的一个边界，在另一侧则取与已定边界的声速值，相等之处为声道的另一边界，两边界中浅者称上界，深者称下界，所在深度即为声道上界和下界深度。

3. 声速垂直分布的数学拟合

即将声场计算需用的实测声速垂直分布曲线描述为合适的函数式，容许数学拟合误差不超过±0.2,采用多种方法拟合实测分布曲线。

二、海洋环境噪声测量

海洋中存在广泛的噪声源,如船舶辐射噪声、海洋生物噪声、天气变化产生的干扰噪声、海浪传播噪声以及声探测仪器的发射信号等。通过噪声测量,可以判断噪声来源,监视海洋中特定的船舶运动,对生产、科研国防有重要意义。为了使读者能更好地理解下述内容,必须首先明白有关噪声的一些基本概念。

(一)海洋环境噪声基本概念

这些概念主要有噪声频带声压级、噪声声压谱级、背景干扰噪声以及水听器等效噪声声压谱级等。具体分述如下。

1. 噪声频带声压级

一定频带内的海洋环境噪声声压与基准声压之比的常用对数乘以 20。即

$$L_{pf} = 20I_g(P_f/P_O)$$

式中:　L_{pf}——噪声频带声压级,dB;

P_f——用一定带宽的滤波器(或计权网络)测得噪声压,μPa;

P_O——基准声压等于 1μPa。

2. 噪声声压谱级

某一频率的噪声声压谱密度与基准谱密度之比的常用对数乘以 20。在海洋中基准声的谱密度为 $1μPa/\sqrt{H_Z}$;当声能在 Δf 中均匀分布时:

$$L_{ps} = L_{Pf} - 10I_g\Delta f$$

式中:　L_{ps}——噪声声压谱级,dB;

L_{pf}——用中心频率为 f 的带通滤波器测得的频带声压级;

Δf——带通滤波器的有效带宽,H_z。

3. 背景干扰噪声

测量时由于各种原因所产生的,对测量造成干扰的等效干扰噪声。

4. 水听器等效噪声声压谱级

水听器等效噪声声压谱密度与基准声压谱密度之比的常用对数乘以 20,单位为 dB。

(二)测量仪器

有关海洋声学的测量仪器,主要有 SMH 系列标准水听器和 8101 系列水听器等,具体分述如下。

1. SMH 系列标准水听器

利用压电陶瓷球的压电效应,制成声电换能器,当换能器中压电晶体在外力作用下产生变形时,在它的某些相对应的面上就产生异号电荷。这种没有电场作用,只是由于变形产生的极化现象,为正电压效应。当水听器置于声场中表面受到力的作用时,在水听器的两端可以测得开路电压(U_O)根据水听器的接收灵敏度(M_O),可以计算出声压(P_O)。

$$P_O = \frac{U_O}{M_O}$$

SMH 系列标准水听器能测定的频率范围为 1~236kHz,1~100kHz,1~50kHz 的绝对声压。

2.8101 系列水听器

它能测定的频率范围为 0.1~200kHz 的绝对声压。

3. 需测量的辅助量

风速、风向、降雨、海况、波浪、海流、水深、水温垂直分布、海底底质;测量站位附近有无航路和其他发声生物。

4. 测量的准确度

噪声频带声压级和声压谱级的不确定度在±4dB 之内。

三、水中目标物的声学探测

水中目标物的声学探测着重在布里渊散射激光雷达水下目标探测技术和合成孔径声呐(包括双站合成孔径声呐、干涉仪合成孔径声呐)具体分述如下。

(一)布里渊散射激光雷达水下目标探测技术

介质中传输的强光场,由于电致伸缩力的作用使介质密度产生周期性变化,形成一个声光栅,光场在其中的散射即为受激布里渊散射(SBS),其散射光与入射光之间的频差为布里渊频移,其与介质的特性和状态有关,利用它可以实现对介质参量的测量。

水体布里渊散射是入射光与水中声场相互作用产生的,水体布里渊散射频移可由下式表示:

$$\Delta\omega = \omega \frac{V_s}{C} n \sin \frac{\theta}{2}$$

式中：　$\Delta\omega$——水体布里渊散射频移；

　　　　ω——入射光波频率；

　　　　V_s——水中声速；

　　　　θ——入射光束与布里渊散射光束的夹角；

　　　　C——光速；

　　　　n——水体折射率。

通过测量水体布里渊散射频移,可以计算出水中声速,进而利用水中声速与水体温度的关系,可以计算出水体温度(水体盐度和折射率变化影响很小)。可以通过遥测获得较高的水中声速或温度测量精度。水体布里渊散射的测量日益受到重视。

激光雷达在测距、大气遥感、环境监测、航天技术和目标跟踪等领域已展示出广阔的应用前景。常规激光雷达的原理是测量目标反射回波的振幅,而布里渊散射激光探测雷达的原理是通过测量目标散射回波的频移来发现和跟踪目标的,是一种基于调频的测量方法,因而具有体积小、重量轻、高灵敏度、高信噪比和隐蔽性好等优点。近年来,已有将其用于海洋盐分分布的遥测研究工作。

(二)合成孔径声呐(SAS)

是一种新型高分辨率水下成像声呐,其原理是利用小孔径基阵的移动来获得方位向上的大合成孔径,以获得方位向的高分辨力,进而实现目标成像。合成孔径技术引入声呐的主要目的是对水下小目标(如水雷)及海底进行高分辨成像。

双站合成孔径声呐(BiSAS)是指发射系统和接收系统(含天线)安装在不同载体上的合成孔径声呐。与常规 SAS 相比,BiSAS 由于收、发分置,一方面是灵活性好,收发配置位置不受限制,接收机是无源设备,工作时间相对可以延长;另一方面可充分利用目标的散射特性(收发几何配置不同,目标反射特性就不同),同时也可利用目标的非后向散射信息来进行成像,获取的信息比常规 SAS 丰富;因此,BiSAS 在民用和军用上将有较好的应用前景。在民用方面,它将广泛应用于海洋测绘和勘探、港口清理、水下考古、打捞等领域,进行海底底质、地貌、工程结构分析等,对数字地球研究具有重要意义。在军事方面,可进行沉底水雷和掩埋水雷的探测和识别。

干涉仪合成孔径声呐(InSAS)是在合成孔径声呐基础上增加一副(或多副)接收基阵,通过比相测深的方法得到场景的高度信息,从而得到场景的三维图像。InSAS 兼备合成孔径声呐分辨率与成像距离和工作频率无关的优点和干涉测深精度高、设备简单的优点,近年来在国际上发展迅速。

四、海洋光学调查

与陆地光辐射测量相比,水下光辐射测量有许多特点,影响因素也更多,现场光辐射测量仪器需要重点解决大动态范围、自阴影效应、浸没效应、余弦响应特性、信噪比和仪器在水下的姿态,而且要以与水色遥感器相同的波段同步测量水中一定深度剖面的下行光谱辐照度、上行光谱辐照度和上行光谱辐亮度,由观测数据推导的离水辐亮度误差小于±5%。

若海水的光衰减系数为 $0.08m^{-1}$,则光传输到水下 150m 深度时将衰减到原来的 10^{-6}。因此水下一定深度的剖面测量要求 6 个量级的动态范围。水下光场的分布是由海水的固有光学参数决定的,光学仪器的存在将对其周围的光场分布产生干扰,导致测得的辐射值与真值不相等,这种影响称为仪器的自阴影效应。自阴影效应引起的百分误差与传感器的外径、测量时的太阳无顶角及海水的吸收系数有关。多波段水下光谱辐射计包括操作平台、传感器和数据采集与数据传输四个部分。以下着重介绍标准层次和精度、海面照度测量方法、光束透射率和光束衰减系数的测量以及测量仪器,共四部分内容。

(一)标准层次和精度

内容包括站位选择、标准层次以及测量范围和精度,具体分述如下。

1. 站位选择

光学要素的调查站位可根据专项调查需要和测量海区光学要素的水平变化梯度确定,一般的大面调查,近海区可相隔 36km,远海区可相隔 110km。

2. 标准层次

测量的标准层次为:表层、4m、6m、8m、10m、12m、14m、16m、18m、20m、25m、30m、35m、40m、45m、50m、60m、70m、80m、90m、100m、120m、140m、160m、180m、200m、大于200m,光透射率还应增加 500m 层,500m 以上每隔 500m 再加一层,遇特殊要求再另加。对于连续测量方式,根据需要另外要求。

3. 测量范围和精度

分别表观光学测量与固有光学测量。具体是:

(1)表观光学测量,其光谱范围为 380~900nm;辐射量范围为:

E_s:0.01~100μW/(cm² · nm);

E_u:0.005~120μW/(cm² · nm);

E_d:0.005-300μW/(cm² · nm);

L_u:0.00005~35μW/(cm² · nm · sr)。

测量准确度:分立波段的中心波长±2nm,半能幅宽度(FWHM)≤10nm;高光谱的中心波长±1nm;辐射量测量精度±5%。

(2)固有光学测量。光束衰减系数的测量范围:0.001~10m⁻¹。波长范围:400~900nm;分立波段或连续光谱。对分立波段,中心波长可参考下列波段:412nm,443nm,490nm,510nm、535nm、670nm。可根据需要增设 600nm, 620nm, 640nm, 680(685)nm, 750nm, 780nm 和865nm。测量准确度为:±0.01m⁻¹。

(二)海面照度测量方法

海面照度测量方法有各种要求,如观测位置的要求、观测环境的要求、走航式海面照度计自动观测的要求、手续照度计观测的要求以及水面漂浮测量的要求等。具体分述如下。

1. 观测位置的要求

在船只处于航行、漂泊或抛锚状态均可进行测量。甲板测量采用专用辐照度测量仪器,或辐射计加标准板的方法。对照度计安装的要求如下:①离海面高度在 2~20m 范围内;②仪器进光窗口上方周围空间有受船上物体遮蔽,不能有其他光源或反射光线照射到光窗口;③光接收部件在船上固定安装时,应便于观测者操作;④仪器垂直加固,并具有姿态数据或采取姿态随动稳定措施使仪器保持在 5° 以内;⑤操作人员就穿着黑色衣服并远离仪器。

2. 观测环境的要求

如下雨、下雪或浓雾天气不进行观测;每天观测的开始时间不晚于太阳升出水天线后 1h,结束时间不早于太阳没入水天线前 1h。

3. 走航时海面照度计自动观测的要求

如开机工作后,至少每 5min 记录和存储一组照度、时间和位置的数据;通过调查船上的卫星导航定位仪的自动取得实时定位信号。

4. 手持照度计观测的要求

如在甲板的空旷处手持光接收器测量。当光接收器处于水平时记录读数;每小时测量一次,在整点前后 10min 内进行。若预定时间内有雨、雪、浓雾、太阳被浮云遮挡或其他原因而不能测量时,可以推迟进行,推迟时间大于 40min 时取消该次测量。

5. 水面漂浮测量(浮标或子母浮标)的要求

如仪器距离船舶应在 30m 以上,同时仪器应具备姿态传感器。

(三)光束透射率和光束衰减系数的测量

两者测量仪器原理基本相同,差别在于对测量信号的运算处理不同。仪器有自容式和电缆传输式两种,测量水体可以是开放式或带水泵的流体腔式。并且仪器应具有温度和深度传感器。水温和水深值将用于对光束透射率或光束衰减系数的测量值进行校正。仪器的基本技术要求如表 3-9 所示。

表 3-9　分立波段的光束透射率或光束衰减系数测量的基本技术要求

中心波长	412nm	443nm	490nm	510nm	555nm	670nm	750nm	780nm
光谱带宽	10nm							
准确度	0.01m^{-1}							
动态范围	$0.001 \sim 10\text{m}^{-1}$							
采样间隔	≥5 个/m							
光源准直角度	≤5mrad							
可布放深度	200m							
工作水温	0~35℃							
温度测量误差	≤1℃							
光程	≥10cm,一般 25cm 或更长							
深度误差	满量程的 0.5%							

离水辐亮度 L_w 在天顶角 0°~40°范围内变化不大,为避开太阳直射反射,观测几何按图 3-9 确定。

仪器观测平面与太阳入射平面的夹角 ϕ_V 约为 135°。仪器与海面法线方向的夹角 θ_V 约为 40°,以避免绝大部分的太阳直射反射,并减少船舶阴影的影响。

在仪器面向水体进行测量的同时,进行天空光测量。也可在仪器面向水体进行测量后,将仪器在观测平面内向上旋转一个角度,使得观测方向的天顶角与 θ_V 相同,测量天空光的辐亮度 L_{sky}。

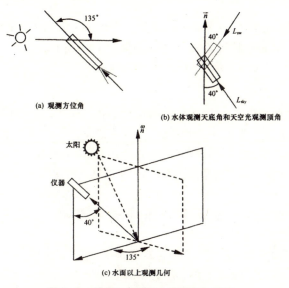

图 3-9　光谱仪水面以上观测几何示意

（四）测量仪器

海洋光学测量常用的仪器,主要有 SLM-1 海面照度计、OMC-1 光学多参数测量仪、TMD-Ⅲ多波段投射率仪、SPMR 剖面式多通道光学辐射计以及海气界面微尺度过程光学监测系统等。

1. SLM-1 海面照度计

该仪器采用桂光电池外加修正滤光片作为照度传感器,应用光电测量原理和计算机技术,把卫星定位讯号引进到仪器中,实现海面照度走航、自动、连续测量。

2. OMC-1 光学多参数测量仪

该仪器用于测量不同深度处海水透光率、可见光 6 个光谱段的向上和向下照度以及 20°角海水散射函数。

3. TMD-Ⅲ多波段投射率仪

用于测量可见光不同波段的透射率。海水光学透射率是指光在海水中衰减速率。光强在海水中随着距离的增大将迅速衰减,一定距离以后,光强将衰减为零,即绝对黑体。透射率的数学表达式为:深度为 h 处的光强度 I 与原始光强度 I_0 之比。海水的光学透射率也是海水的一大理化性质,通常采用的测量仪器是浊度计。

4. SPMR 剖面式多通道光学辐射计

在现场测量海水表层光学特性,用于海洋水色遥感真实性检验和定标,它可以在 13 个光谱通道上对光向下辐射进行剖面测量。

5. 海气界面微尺度过程光学监测系统

应用光电探测技术和图像处理技术,测定海气界面湍流通量;测定海气界水滴粒径分布和水体气泡粒径分布。

（1）海气界面湍流通量:完成多层次的风应力测量,多层次的热通量和水汽通量测量。

（2）水滴粒径分布:最小粒径为 $4\mu m$,测量范围为 $4\sim160\mu m$。

（3）水下气泡粒径分布。气泡最小分辨粒径为 $40\mu m$。

6. 海面海水层光学测量系统

它是一台大型的船载仪器,仪器主体包括海面和水下两个单元,能同步观测海面入射光谱辐照度、海面出射光谱辐照度等 11 个物理量(水上光谱辐射计、水下光谱辐射计、辐亮度计、投射率计、量子计、荧光计、温度计、电导率计、压力计),共 63 个参数。此外,仪器还配备了 GPS 定位系统、水下单元的倾角及方位角监测系统、甲板箱和具有多界面功能的操作平台。

第五节　海洋气象观测

海洋气象观测是服务于海洋气象和海洋水文预报,同时也是海洋科学研究的需要。海洋气象观测平台,有海洋水文气象台、海洋水文气象站、商用船、专用调查船以及水文气象观测浮标。海洋气象观测项目,有海洋气象、海气边界层以及太阳辐射。海洋气象观测的次数和时间,对台站观测、调查船观测、连续站观测以及大面观测都有所区别。本节着重介绍常规海洋气象观测项目。高空气压温度湿度以及风的观测,大气边界层观测以及观测仪器四方面内容。

一、常规海洋气象观测项目

常规海洋气象观测项目有能见度观测、云的观测、风的观测、空气温度湿度观测、气压观测以及降水量观测。这里重点介绍一些观测项目。

（一）能见度观测

当舰船在开阔海区时，能见度观测主要是根据水平线的清晰程度。参照表 3-10 进行能见度等级估计。当水平线完全看不清楚时，则按经验进行估计。当舰船在海岸附近时，首先应借助视野内的可以从海图上量出或用雷达测量出距离的单独目标物（如山脉、海角、灯塔等）。估计向岸方面的能见度，换算为能见度等级。

夜间，在月光较明亮的情况下，如能隐约地分辨出较大的目标物的轮廓，能见度定为该目标物的距离，如能清楚地分辨出较大目标物的轮廓，能见度定为大于该目标物的距离；在无目标物或无月光的情况下，一般可根据天黑前的能见度情况及天气演变进行能见度估计。

表 3-10　海面能见度参照表

海天水平线清晰程度	观测者的眼高出海面≤7m	观测者的眼高出海面>7m
十分清晰	>50.0	—
清晰	20.0~50.0	>50.0
比较清晰	10.0~20.0	20.0~50.0
隐约可辨	4.0~10.0	10.0~20.0
完全看不清	<4.0	<10.0

（二）云的观测

云的观测要素为：总云量、低云量、云状和低云高。

1. 云状

按云底高度划分，云可分为低云、中云及高云三簇，各簇云的云底平均高度，可参考云状高度表（表 3-11）。

表 3-11　云状高度　　　　　　　　单位：km

云种	寒带	温带	热带
低云		自海面到2	
中云	2~4	2~7	2~8
高云	3~8	5-13	6~18

低云：包括积云、积雨云、层积云、层云及雨层云五类。云底高度一般在 2500m 以下，但又随季节、天气条件及不同纬度而变化。

中石：包括局层石和局积石两类，73：底局度通常在 2500~5000m 之间。

高云：包括卷云、卷层云和卷积云三类。云底高度通常在 5000m 以上。

2. 云状判断

云状主要是根据云的外形、结构及成因并参照云图进行判断,为使判断准确,观测应保持一定的连续性,注意观察云的发展过程。各种伴见的天气现象,也是识别云的一条线索。判断云,要把天空当作一个整体,如能认识到天空具有某种特点(如大气稳定或不稳定)时,则个别的云就容易判断。

3. 云量的观测和记录

云量以天空被云遮蔽的成数表示,用十分法估计,观测内容包括总云量和低云量。

总云量记法:全天无云或有云但不到天空的1/20,记"0"。云占全天的1/10,记"1";云占全天的2/10,记"2",其余依此类推,全天为云遮盖无缝隙,记"10",有少量缝隙可见蓝天,则记"⑩"。

低云量记法:低云量即低云遮蔽天空的成数。估计方法与总云量相同。遮满天气,但有少量缝隙可见蓝天或其他云种时,记"⑩"。

特殊情况下云量、云状的观测和记录:观测时有雾,天顶不可辩,总、低云量均记"10",云状栏记:"≡",如为天顶可辩的雾,总、低云量也记"10",云状栏记"≡"。透过雾能看到天顶有云,并能判别云状,总、低云量都记"10",云状栏记"≡"及云状符号。

(三)风的观测

这里所指的风,是风在水平方向的分量。测风,是观测一段时间内风向、风速的平均值。观测海面上10min的平均风速及相应风向。在定点连续观测中,还应观测日最大风速、相应风向及出现时间。测风时应选择周围空旷、不受建筑物影响的位置。仪器安装高度以距海面10m左右为宜。

至于观测风的技术要求和记录是,风速是单位时间风行的距离,单位用"m/s"。无风(0~0.2m/s)时,风速记"0",风向记"C"。分辨率为0.1m/s,当风速不大于5.0m/s时,准确度为±0.5m/s;当风速大于5.0m/s时,准确度为风速的±5%。而风向即风之来向,以度(°)为单位,分辨率为1°;正北为"0",顺时针计量,准确度为±10°。对于船舶气象仪测风,可测定风向、风速(平均风速、瞬时风速)、气温和湿度等。

(四)空气温度和湿度的观测

要从观测的要求、百叶箱的作用与构造以及观测技术要求的三个角度来论述。具体如下。

1. 空气温度和湿度的观测要求

观测海面上1min的空气温度和相对湿度;在定点连续观测中,还应观测日最高、最低温度和最小相对湿度。空气温度和湿度的观测可得到空气的温度、绝对温度、要对湿度和露点的4个量值。

空气温度和湿度的观测,要求温度表的球部与所在甲板间的距离一般在1.5m到2m之间。为了避免烟囱及其他热源(房间热气流等)的影响,安装的位置应选择在空气流畅的迎风面,距海面高度一般在6~10m的范围内为宜。另外,仪器四周2m范围内不能有特别潮湿或反射率强的物体,以免影响观测记录的代表性。

2. 百叶箱的作用与构造

在舰船上观测空气的温度、湿度,通常采用百叶箱内的干湿球温度表或通风干湿表进行。

百叶箱的作用,是使仪器免受太阳直接照射、降水和强风的影响,还可以减少来自甲板上的垂直热气流的影响,同时保持空气在百叶箱里自由流通。

船用百叶箱的构造和内部仪器的安置,与陆地气象台(站)使用的基本相同,但船上的百叶箱是可以转动的,以便在观测时把箱门转到背太阳的方向打开。

3. 技术要求

每 3s 采样 1 次,连续采样 1min,经误差处理后,计算样本数据的平均值;用整点前 1min 的平均值,作为该整点的空气温度和相对湿度值。

极值的选取:从每日观测的 1min 空气温度值中,选出日最高和最低温度;从每日观测的 1min 相对湿度值中,选出最小相对湿度。

空气温度以摄氏度(℃)为单位,分辨率为 0.1℃,准确度为 ±0.3℃,相对湿度以百分率(%)表示,分辨率为 1%;当相对湿度大于 80% 时,准确度为 ±8%;当相对湿度小于 80% 时,准确度为 ±4%。

(五)气压的观测

气压是作用在单位面积上的大气压力,海平面气压以百帕(hPa)为单位。观测海面上 1min 的海平面气压;在定点连续观测中,还应观测日最高和最低海平面气压。每 3s 采样 1 次,连续采样 1min,经误差处理后,计算样本数据的平均值,并经高度订正(订正值为船舶平均吃水线到气压传感器的高度乘以 0.13)成海平面气压值;用整点前 1min 的平均值,作为该整点的海平面气压值。分辨率为 0.1hPa,准确度为 ±1.0hPa。

从每日观测的 1min 海平面气压值中,选出日最高和最低海平面气压值。

在定时观测、大面观测和断面观测中,观测船到站时的气压。在定点连续观测中观测各定时的气压,同时从自计记录中求出逐时的气压并挑选出日最高和最低气压。舰船上气压的观测主要用空盒气压表,有时也采用船用水银气压表。

(六)降水量观测

观测海面上 1min 和定时观测前 6h 的降水量。在定点连续观测中,还应计算日降水量累计值。其技术要求和方法观测,如下。

1. 技术要求

降水量传感器应安装在船上开阔处。降水量以毫米为单位,分辨率为 0.1mm;当降水量小于等于 10.0mm 时,准确度为 ±0.5mm;当降水量大于 10.0mm 时,准确度为降水量的 ±5%。无降水时,降水栏空白;降水量不足 0.05mm 时,记"0.0";缺测记"—"。

2. 方法观测

连续观测,每 1min 记录一次,计算降水量值;用定时前 6h 的累计降水量,作为该定时的降水量累计值。每日 4 次定时降水量之和,为日降水量累计值。

当出现纯雾、露、霜、雾凇、吹雪时,不观测降水量。如有降水量,仍按无降水记录。当降水量缺测时。应在记录表纪要栏注明原因和降水情况,如小雨、中雨、大雨。

二、高空气压、温度、湿度及高空风的探测

这里分为高空气压、温度、湿度的探测和高空风的探测,因为探测的技术与方法有区别。

(一)高空气压、温度、湿度的探测

高空气压、温度、湿度的探测技术要求、探测方法以及资料整理等分述如下。

1. 技术要求

气压以百帕(hPa)为单位,分辨率为 0.1hPa;海面至 500hPa,准确度为±2hPa;500hPa 以上,准确度为±1hPa。

温度以摄氏度(℃)为单位,分辨率为 0.01℃;海面至 100hPa,准确度为±0.5℃;100hPa 以上,准确度为±1.0℃。

相对湿度以百分率(%)表示,分辨率为 1%;海面至对流层顶,准确度为±5%;对流层顶以上,准确度为±10%。

露点以摄氏度(℃)为单位,分辨率为 0.1℃。

海拔高度以米(m)为单位,分辨率为 1m。

至少每 2s 采样 1 次。

2. 探测方法

有用探空气球和探空仪检验及探空仪装配和释放,三种方法。具体分述如下。

(1)探空气球。这种气球应采用 300g 或 750g 气球。在施放前 0.5~1.0h 开始充灌气球,充气速度不宜过快,通常在 20min 左右。充灌气球应使用氦气。禁止使用氢气,氦气质量应符合 GB 4844 和 GB 4845 的规定。气球升速应控制在 400m/min 左右。在不同的天气条件下应具有不同的净举力。净举力按下式计算:

$$F = W_1 + W_2 - W_0$$

式中：　　F——净举力,g;

　　　　　W_0——探空仪和附加物重,g;

　　　　　W_1——充气嘴重,g;

　　　　　W_2——砝码重,g。

用 750g 气球,净举力通常为 1500g,在云厚和雨雪天气,应增加 800~1000g 净举力。根据气球升速和最近 1h 的海面气温、气压值,从《高空气象观测常用表》中查取标准密度升速值,然后根据标准密度升速值和探空仪及附加物重量查取净举力。

(2)探空仪检验。在施放前 0.5h 将探空仪放在基测箱内进行基值测定:①从基值测定仪中,读取气压、温度和相对湿度值,对探空仪进行基值测定;②基值测定时的现场气压是指探空仪所在高度的气压。若气压传感器与探空仪不在同一高度,必须订正到探空仪所在高度;③基值测定的合格标准由仪器技术文件中给出。

(3)探空仪装配和释放。有以下 6 个方面要求:①气球与探空仪间距通常为 30m;②施放的正点时间为 7:15 和 19:15,禁止提前施放。当遇恶劣天气时适当推迟,但最多只能推迟 1h;③施放瞬间,人工给计算机输入启动信息,或由计算机自动判别探空仪开始升空,开始记录,并记录船位;④在施放前 5min 观测海面气象要素:气温、气压(以基值测定为准)、湿度、风向、风速、云状、云量及天气现象;⑤信号接收应自始至终进行,如信号消失,应继续寻找接收 7min,无信号时方可终止;⑥出现下列情况之一时,应重放探空仪,记录未达到 500hPa;在 500hPa 以下,温度和湿度记录连续漏收或可延时段超过 5min。

3. 资料整理方法

包括规定等压面、规定特性层以及各规定等压面要素值的计算。具体分述如下：

（1）规定等压面（hPa）01000、925、850、700、600、500、400、300、250、200、150、100、70、50、40、30、20、15、10、7、5。

（2）规定特性层。海面层、等温层、逆温层、温度突变层、湿度突变层、零度层、对流层顶、终止层、温度失测层和湿度失测层。

（3）各规定等压面要素值的计算。这些要素值包括温度值、湿度值、露点温度、等压面海拔高度以及选择特性层等。具体分述如下。

①读取各规定等压面的温度值和湿度值。（当太阳高度大于-3°应对所测到的温度值进行辐射订正）。

②根据各规定等压面的温度值（经辐射订正后）和相对湿度值计算露点温度。当温度低于-59T时，不再计算露点温度。

③各规定等压面海拔高度的计算。通常采用等面积法求出规定相邻等压面间的平均温度和平均湿度。平均湿度只计算到400hPa，400hPa以上省略不计。

计算两相邻规定等压面的厚度，在400hPa以下时，应进行虚温订正。

将本测站的海拔高度（以基测点为准，对同一艘调查船为常数）与各规定等压面间的厚度依次累加，即得各规定等压面的海拔高度。

④选择特性层。这些特性层包括海面层、等温层和逆温层、湿度突变层、零度层以及对流层顶等，具体如下。

海面层：以基测点为准。

等温层和逆温层：在第一对流层顶以下，选取大于1min的等温层和大于1℃的逆温层的开始点和终止点。

温度突变层：选取两层间的温度分布与用直线连接比较超过1℃（第一对流层顶以下）或超过2℃（第一对流层顶以上）的差值最大的气层。

湿度突变层：选取两层间的湿度分布与用直线连接比较超过15%的差值最大的气层。

零度层：只选一个，当出现几个零度层时，只选高度最低的一个；当海面气温低于0℃时，不再选取零度层。

对流层顶：一般出现在500hPa以上。对流层顶出现数个时，最多只选两个。且选其高度最低者，其高度在150hPa以下者，定为第一对流层顶；其高度在150hPa或以上者，不论是否出现第一对流层顶，均定为第二对流层顶。

终止层：选取高空探测的最高的一层。

湿度失测层：在失测层的开始点、终止点、中间点各选一层。

（二）高空风的探测

高空风的探测内容包括技术指标、探测方法以及资料整理方法三个部分。

1. 技术指标

风向以度（°）为单位，分辨率为1°；在海面至100hPa，当风速≤10m/s时，准确度为±5。；风速>10m/s时，准确度为±2.5。；在100hPa以上，准确度为±5°。

风速以米/秒（m/s）为单位，分辨率为1m/s；在海面至100hPa时，准确度为±1m/S；在100hPa以上，准确度为±2m/s。并至少每2s采样1次。

2. 探测方法

有仪器设备和探测规定。具体是：

（1）主要仪器设备。为无线电经纬仪、导航测风系统及满足本规范要求的其他仪器设备。

（2）探测规定。在调查船上，通常在施放探空气球的同时探测高空风，施放的正点时间为7：15 和 19：15。禁止提前施放。当遇恶劣天气时适当推迟，但最多只能推迟 1h；放球后至少1min 获取一组风向、风速值。

3. 资料整理方法

有分规定高度、规定等压面、风向风速计算以及其他规定。具体是：

（1）规定高度。探空仪海拔高度(km)：0.5、1.0、2.0、3.0、4.0、5.0、5.5、6.0、7.0、8.0、9.0、10.0、10.5、12.0、14.0……以后每 2km 为一层。

（2）规定等压面(hPa)。1000、925、850、700、600、500、400、300、250、200、150、100、70、50、40、30、20、15、10、7、5。

（3）风向风速计算。在放球后，连续采样 1min，计算一次风向风速，为量得风层的平均风向风速。

计算规定高度的风向、风速；计算规定等压面的风向、风速；计算对流层顶的风向、风速。

选择最大风层。在 500hPa（或 5500m）以上，从某高度至另一高度出现风速均大于 30m/s的"大风区"时，则将在该"大风区"中其风速最大的层次选为最大风层。在该"大风区"中，同一最大风速有两层或以上时，则选取高度最低的一层作为最大风层。

在第一个"大风区"以上，又出现符合上述条件的第二个"大风区"，且第二个"大风区"中的最大风速与第一个"大风区"之后出现的最小风速之差大于等于 10m/s 时，则第二个"大风区"中的风速最大的层次也选为最大风层。余者类推。

（4）如有连续失测时，按表 3-12 的规定整理。

表 3-12　连续失测处理规定　　　　　　　　　　　　单位：min

时间间隔	0～≤20		20～≤40		>40	
失测时间	<2	≥2	<3	≥3	<5	≥5
规定	照常处理	作失测处理	照常处理	作失测处理	照常处理	作失测处理

（5）在规定高度、规定等压面和对流层顶，如失测或记录终止时，用最接近的量得风层的风代替，其允许范围见表 3-13。

表 3-13　规定层失测处理　　　　　　　　　　　　单位：m

距海面高度	≤900	900～≤6000	>6000
代替范围	±100	±200	±500

三、大气边界层观测

大气边界层观测，内容包括风、温、湿梯度观测，海气界面通量观测、辐射观测以及天空辐射计的四个方面。具体分述如下。

（一）风、温、湿梯度观测

这里也由温度、湿度、风速传感器分层观测和系留汽艇探测的两部分组成。

1. 温度、湿度、风速传感器分层观测

这种观测的基本要求是：一般在船前甲板 10m 折叠臂上安装 3 层温度、湿度、风速传感器，最低层距海面 2m，第 2 层距海面 4m，第 3 层距海面 8m。由风速传感器、风向传感器和温、湿探头组成梯度观测系统。温、湿传感器应置放在防辐射罩内。

风速测量范围 0~30m/s，精度±0.1m/s；

温度测量范围-20~+40℃，精度±0.1℃；

湿度测量范围 0~100%，精度±0.1%；

风向测量范围 0~360°，精度±3°。

至于观测方法和程序，一般由以下 4 个部分组成：①温度、湿度、风速梯度观测采用自动观测，每分钟采样 10 次，每 10min 计算一次平均值；②10min 平均量计算：样本值为 0~9min 的观测值，风向、风速的平均量为真风向风速的矢量平均，温度、湿度的平均量为观测值的算术平均；③观测期间应在记录簿上记下测站的站名、观测日期时间、仪器工作状态、天气状况、海况以及船只漂移情况等；④观测期间，调查人员应随时检查仪器设备正常工作情况；定期检查通风干湿表的储水罐是否保持正常水位；航行时保护好低层的风、温、湿传感器，确保安全。

2. 系留汽艇探测

系留汽艇探测由系留气象塔系统构成、传感器以及观测方法与程序的三部分组成。

(1)系留气象塔系统构成。系留汽艇探测系统，包括飞艇式系留气球、悬挂在气球上的控空仪组件、电动绞车和缆绳以及地面资料接收和处理系统。系留汽艇探空系统安装在船前甲板开阔处。整个系统重量轻，便于携带操作。甚至在野外也可由一人在 1h 内安装完毕，几秒钟内就能使探空仪固定或移动到系留绳上任一位置。系留气象塔同时测量 6 个层面的气象要素，然后把数据传向地面的自动站。系留汽艇探空系统应安装在船上开阔平台上，要求周围无高大障碍物。如图 3-10 所示。

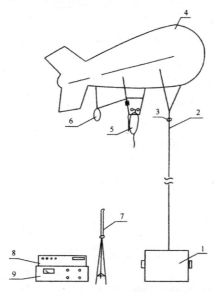

图 3-10　系留汽艇探空系统示意图

1-绞车;2-系留绳;3-挂钩;4-汽艇;5-探空仪;6-电池;7-接收天线;

8-笔记本电脑;9-接收机

（2）传感器。系留探空仪内装有 5 种感应元件，用珠状热敏电阻测定空气温度，用包裹了湿纱布的同样的测温元件测量湿球温度；用轻型三杯风速计测量水平风速；用密封在环形油槽内的悬浮式磁针测量飞艇方位（飞艇头部总是指向风的来向）。固定在陶瓷片上的膜盒通过压敏元件测量气压变化。测量结果计算器处理后，通过无线电发射机传送到地面站，以每 12s 一组的速率显示出测量数据。TTSⅢ 型 Vaisala 系留探空仪的主要技术指标。如表 3-14 所示。

表 3-14　TTSⅢ 型 Vaisala 系留探空仪的主要技术指标

指标	项目				
	温度	湿度	气压	风速	风向
测量范围	−50°~60℃	0~100%RH	500~1080hPa	0~20m/s	0~360°
分辨率	0.1℃	C0.1%RH	0.1hPa	0.1m/s	1°

（3）观测方法与程序。按以下 5 个步骤进行：①船停后对汽艇充气，充气速度不宜过快，通常在 20min 左右，氢气质量应符合 GB4844 和 GB4845 的规定；②正点施放并接收信号，施放的正点时间为 15 和 19：15，禁止提前施放；③汽艇释放和回收速度控制在 0.3~0.5m/s，尽量保持匀速。利用电动绞车匀速将汽艇释放到 400~600m 高度，然后以相近速度回收汽艇，自动记录仪将上升与下降过程中不同高度上的风、温、压、湿等参数记录下来；④如果天气特别恶劣，或风速达到 10m/s，停止释放汽艇；⑤观测完毕，将汽艇中的氢气释放掉，仔细将汽艇收好。

（二）海气界面通量观测

海气界面的动量通量、热通量和物质通量是实现海洋与大气相互作用的唯一途径，是影响全球气候变化的重要机制。海气界面通量的研究对保护海洋生态环境、刻画大气波导特征和提高海洋大气耦合数值模式预报能力等方面具有重要应用价值和科学意义。

近年来，随着全球气候变暖，全球碳循环、海洋上混合层动力学、海洋—大气耦合预报模式和海洋遥感技术等方面的研究不断深入。人们越来越迫切需要对海气界面关键物理过程进行直接观测。参照国际海气通量观测经验。海气界面的动量、热量、水汽通量的观测利用 CSAT3 超声风温仪、FWO5 温度脉动仪和 MIOO 红外湿度仪采样，然后用涡动相关法计算通量。仪器的采样频率设为 10~20kHz，每站观测 60min。

通量观测系统还包括光纤船姿态测量仪（也称光纤陀螺系统）和 DGPS。这些仪器用于船体摇动对通量影响的矫正。而且与上述通量观测仪器具有相同的采样频率。仪器安装在万向架上并固定在前甲板左侧弦 5m 长伸臂上，以最大限度保持仪器的水平。

（三）辐射观测

在多数情况下，可以认为，所有的热量都是通过海洋表面进入到下层。因为海洋热能的其他来源只能是海底，但穿过海底进入到海洋里的地热每天只有 0.1Cal/cm² （Cal 为废弃单位，为保持教材的系统性，仍予保留。1Cal = 4.187J，下同）。它和海洋表层每天吸收的太阳辐射能的平均值：400Cal/cm² 相比，显然是个小量。

太阳光线一旦进入地理大气层。能量就要被散射和吸收。平均结果，大气外界接收太阳辐射能约为 0.49Cal/dm² · min，把这个量分成 100 个单位，进入大气层后。其中 3 个单位被云吸收;16个单位被水蒸气、烟雾和空气分子吸收;30个单位被反射或散射回到太空,剩下的51个单位,即太阳辐射能的 0.25Cal/dm^2·min,用于回执陆地、海洋和冰原。

但是,某一时刻到达海面的太阳辐射量是千变万化的,影响最为剧烈的当数云(云型、云状和云量)、雾和空气中的沙尘。当低层云密集覆盖时,能把80%的太阳能吸收或反射回太空中。当太阳入射角度很高时,反射率仅有3%。当太阳入射角度很低时。反射率可以高达30%。海面反射率平均值为6%。如果海面刮着强风,波浪起伏不平,这时海面反射率对角度的依赖性就比平静状态下小一些。海冰的反射率为30%~40%,清洁的雪面反射率可能高达90%。随着大气环境的变化,太阳直接辐射和散射辐射都有相应的变化。因此,对太阳的直接辐射和散射辐射观测是预测气候的长期变化一项重要因容。

1. 辐射计

有 Kipp & Zonen 辐射计,也有 TBQ-2 总辐射表。

(1)Kipp & Zonen 辐射计。是一组向上的短波总辐射表和长波辐射表,一组向下的短波总辐射表和长波辐射表。

热电堆短波辐射表测量305~2800nm 的短波辐射;CG3 型长波辐射表测量5-50 的远红外长波辐射。

仪器灵敏度:7~15μV·W-1·m^2。

(2)TBQ-2 总辐射表。仪器由感应件、玻璃罩和配件组成。感应件由感应面与热电堆组成。

2. 仪器安装

通常辐射表安装在前甲板侧弦 5m 长伸臂上。保证障碍物的影子不投在仪器感应面的地方如图 3-11 所示。

图 3-11　安装在船上太阳辐射计示意

为了保持仪器水平,最好将辐射表安装在万向架上。3 块辐射表向下测量海面向上辐射;3 块辐射表面向上测量天空向下的辐射。用于测量入射短波和长波红外辐射与表面反射短波辐射和向外长波红外辐射之间的能量平衡。

（四）天空辐射计

该仪器通过观测 7 个波段太阳直达光及周围漫射光强度,来推算大气气溶胶的光学厚度及粒度分布等特性,对研究亚洲沙尘暴也有重要作用。在感光部装有太阳追踪设备,利用太阳光传感器对太阳的位置进行定位,因此可以对太阳进行自动追踪。观测器的数据经微机处理后储存在计算机中。

PREDE 天空辐射计(Sky Radiometer)POM-01MKII 是日本 PREDE 公司为了在船上进行大气气溶胶自动观测而开发的仪器。其中 MKII 顶部装有 CCD 照相机,无论太阳在哪个方向,均可追踪,仪器安装、外观和结构如图 3-12 所示。

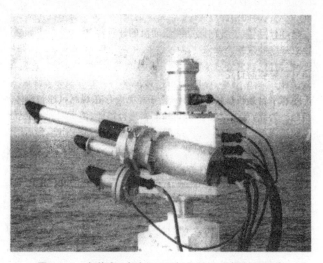

图 3-12　安装在"东方红 II"船上的天空辐射计示意

仪器主要指标:

半视场角:0.50°;

最小散射角:3°;

波长:315,400,500,675,870,940,1020nm;

波长选择:滤光轮式;检波器:硅成像二极管;

驱动方式:脉冲电机驱动方式;

动作角度:350°方位角;150°天顶角;

太阳位置传感器:4 元硅传感器,CCD 照相机;

位置确认:GPS(附带);

方位:内置方位传感器。

四、观测仪器

海洋气象观测仪器有地面气象观测仪器和高空气象观测仪器,而且类型比较多,特别是地面气象观测仪器更多。这些都是海洋环境调查的重要设备之一。

（一）地面气象观测仪器

常见的有气温测量仪器、空气湿度测量仪器、气压测量仪器、风向风速测量仪器、降水测量仪器、云和能见度测量仪器,以及地面自动气象观测系统和海洋气象观测系统等。这里着重介绍以下几种。

1. 气温测量仪器

自从具有的高分辨率和稳定性的石英晶体、铂电阻等温度传感器投入使用之后,气温测量将逐步实现数字显示和自动观测。对于已有百年以上历史的玻璃液体温度表,将逐步被淘汰。

铂电阻温度传感器。其测量误差一般不超过±0.2T,采用较高等级的电路器件可以使测量误差不超过±0.11。减少测量误差,目前已不在温度测量传感器和仪器本身,主要在于对温度敏感元件的通风和防辐射措施上面。

2. 空气湿度测量仪器

传统的百叶箱干湿表的测量误差随外界风速的大小而改变。在静风或接近静风的情况下,其测量误差可达 20%~30%RH,毛发湿度表在低温时的测量误差很大:在-20T 时约为20%RH,在-30T 时可达 30%RH。因此,毛发湿度表在-20T 及以下时,实际上已不能反映湿度的变化。

目前有两种传感器受到重视,即露点式氯化锂湿度传感器和湿敏电容传感器。

氯化锂露点湿度传感器利用的是氯化锂液体膜的表面张力与被测气体的水汽压平衡的原理。其平衡湿度与被测气体的水汽压成函数关系。具有较高的测量准确度和稳定性。当氯化锂盐膜受到污染或破坏时,可用清洗和重新浸盐的方法再生。该传感器的缺点在于必须使用交流电,遇到较长时间停电时,传感器表面会大量吸水使感湿盐膜流失而损坏。

湿敏电容属于吸附元件,在测量过程中必然会受到污染,由污染引起的测量基点漂移,必须用重新检定的方法解决,而在污染严重、基点漂移量过大时,传感器最终报废。目前的测量准确度在 01 以上只能达到 3%~5%RH,在 0T 以下为 5%~8%RH。

在众多的测试方法中,只有冷镜或露点仪的测试原理接近湿度的定义,而且测量准确度高。因此,冷镜或露点仪一直作为 01 以上和 0T 下全温度段的湿度标准仪器,但由于价格昂贵一直没有能够在气象观测中普遍使用。

3. 气压测量仪器

使用数字、无汞振筒气压仪取代水银气压表已是大势所趋,它可以消除了水银气压表在观测中的人为误差和水银污染。用振筒气压进行气压观测,可以将水银气压表观测的准确度提高 3 倍以上.实现了气压观测的数字化和自动化,促进了自动气象观测系统的发展。

目前,硅压阻、硅谐振传感器的湿度影响和基点漂移问题已基本解决,并投入使用。硅压阻传感器体积小、耗电低,特别适用于野外观测。这种传感器又称为智能型压力传感器。

4. 风向风速测量仪器

20 世纪 60 年代末,在气象观测网中使用的电接风向风速计和电传风向风速仪,其滞后和阻尼特性,一直不能满足世界气象组织关于测风传感器动态特性的要求。后来,旋转式风向风速传感器有了明显的改进。由碳纤维制成的高强度风杯、风向标及采用计数和编码方式的风速、风向转换器,目前正在推广使用。如 EC9-1 型高动态性能测风传感器就是个代表:为改善动态特性和防腐能力,风标板和风杯用碳纤维增强塑料制成,该材料强度高、刚性好、比重小。风速传感器的轴上吊有磁性圆盘,用霍尔开关器件将轴的转速转换成电信号,其输出信号频率与风速的大小成正比。风向传感器的轴带动一个七位格雷码盘,应用红外发光二极管和光电三极管组成变换电路将风向变换成七位格雷码。但是,无论什么样的传感器,在变化的风场中进行测量时都有示值偏高现象,而其测量时的惯性和对实际风场的破坏,是测量风瞬时特性的巨大障碍。因而,所谓"固态测风"方法,逐渐被提到议事日程。主要研究方向是用超声波和直接用风压力的测风仪来代替。在测量风速的同时还可以测量湿度。如果在垂直方向上安装传感器还可同时测量上升和下降气流的大小。提供风的三维分量。但由于其在测量接近或超过30m/s的风速时的精度较低,而且在风向正对传感器的测量方向时也有较大的误差,影响了其在常规气象观测中的使用。

采用硅压阻传感器的微差压计已研究成功,并已在二级计量检定单位作为风速测量标准器使用。

测量传感器为皮托管。就是我们熟知的压力法测风传感器。由于在自然风的条件下,空气的动压力相对较小,需要测量微小压力的仪器,而这种仪器的价格相对较高,而且要求的环境条件严格。

压力测风方法是在一个圆形金属管上成正交的四个方向分别引出四个风压力传感器,测量南北和东西两个方向上的风压,并同时测量当时的温度、气压和湿度,通过计算即可得到风向风速值。由于压力测量和传递的时间常数很小,采样速度高,因此可以得到风的瞬时变化值。固态压力测风方法消除了风速测量传感器的转动部件。可以将传感器做得异常坚固,大大提高了抗风和防冰雹的能力。

5. 降水测量仪器

早在20年前我国就研制成功了光电计数式虹吸雨量计,提高了翻斗雨量计的性能,实现了与自动气象观测系统的数据传输。同时,为实现瞬时降水强度的测量,还研制了光电雨强计,不但可以测量降雨的瞬时强度,同时还可以提供雨滴大小以及各种时间间隔的平均降雨量的数据。另外,固态降水(雪)的测量也逐渐受到重视。

6. 云和能见度的测量仪器

激光技术的进步推动云高和能见度测量的发展。在20世纪70年代就研制成功了红宝石激光测云仪。随后研制成功可以同时测量云高和能见度的激光雷达,使云高和能见度的测量实现了器测化和数字化。云高测量技术,可以认为目前已经达到了使用阶段,多数机场都装备了激光测云仪或遥控云幕灯。

从测量原理可知,透射型能见度仪用直接测量大气光学衰减特性的方法获得大气光学视程,有较高的测量准确度。但由于需要一定长度的基线,而且费用较高,影响了其推广使用。而后向散射型能见度仪。由于在测量时后向散射光受二次散射和多次散射的影响。其数学模式较为复杂,而且直接依赖于大气的光学特性。因此,人们把能见度仪的研制寄希望于前散射能见度仪。

7. 地面自动气象观测系统

随着多种电测气象传感器的定型,各种自动气象站、气候站、气象数据采集处理系统、电子气象仪等得到了发展。特别在条件艰苦、人类难于生存的地区布放大量的无人自动气象站或气候站,并实现卫星数据传输,以加密气象观测台站,提高天气预报水平。在数据传输方面,国产自动气象观测系统已形成了有线、无线和电话网传输的主要模式。能够自动储存一个月以上正点数据的自动气候站也已研制成功。

8. 海洋气象观测系统

海洋气象观测以往一直是在海岸和海岛上进行的。除了潮汐和波浪等海洋要素外,其他观测项目与陆地气象观测相同。现在我国已成功研制了多种海洋气象浮标,在我国沿海组建了多个浮标气象数据观测网,布防在远海的海洋气象浮标已在我国南沙海域试验成功并得到了一年以上的观测结果。海洋气象浮标的观测项目包括气温、气压、湿度和风向风速等气象数据,同时还可以测量水温、波高、波周期、流速、流向等海洋参数。

船用气象自动观测仪也有较大发展,在信息化手段方面,已可采用卫星通信,为船测气象数据的广泛应用创造了更好条件。但是,应在防盐雾和腐蚀能力方面多做工作。目前,在船上使用最多的是美国 Young 公司的船舶气象仪。

美国 Ymmg 公司的船舶气象仪可以进行风、温、压、湿、降水自动观测,如表3-15 给出的主要技术参数。

表 3-15　船舶气象仪主要技术参数

观测项目	选用设备技术指标	
	测量范围	准确度
0~60m/s	±0.3m/s	
风向	0~36	±30
气温	−2~35℃	±0.3°:
湿度	0~100%	±(3%~4%)
气压	650~1650hPa	±1hPa

船舶气象仪安装在大桅杆上,风向传感器与风速传感器的连接杆对准南北向或东西向。风速传感器(风杯中心)距地面高度 10~12m。风向传感器的指北标志区对北方。温湿度传感器安装在辐射罩内。气压传感器安装于箱之内,通过静压管与外界大气相通。气温的感应元件是铂电阻。相对湿度的感应元件是湿敏电阻干湿表,根据湿敏电阻的电阻与相对湿度的关系,换算成相对湿度。气压的感应元件是振筒。风向的感应元件是光电码盘风标,风速感应元件是光电感应风杯。

(二) 高空气象探测仪器

最常用的有探空仪、测风雷达和无线电经纬仪、天气雷达、雷达探测设备以及风廓线仪等。具体分述如下。

1. 探空仪

从 20 世纪 80 年代初开始,"702"雷达用电子探空仪、臭米伽导航测风探空仪、船用 GPS 导航测风探空仪、温湿探空仪、单测温探空仪和无线电经纬仪用数字探空仪等都通过了设计定型鉴定。在这期间,气象探测火箭的研制也取得了阶段性成果。探空仪用碳膜湿敏元件、湿敏电容、电容膜盒和硅压阻元件已通过了设计定型鉴定。

2. 测风雷达和无线电经纬仪

20 世纪 90 年代,分别研制成功了 3cm 和 5cm 的一次测风雷达。这两种雷达与 70 年代研制成功的"701"、"702"和"705"雷达一起组成了我国的测风雷达体系。近年来,部队还对

"705"雷达进行了改造,研制成功了具有自动跟踪性能的"706"雷达,并使"702"雷达增加了无线电经纬仪的功能,实现了计算机控制和晶体智能化,大大提高了技术性能,称为"702D"雷达。

由于一次测风雷达具有很高的测角和测距精度,使高空风的测量精度大大提高,高度反算气压成为可能,由此又使探空仪得到了简化。

我国还研制了无线电测风经纬仪,该经纬仪采用单脉冲体制。具有较高的测角准确度,尤其是在低仰角测量方面处于世界领先水平。与数字式电子探空仪配套使用,将成为进行高空温度、气压、湿度和风向风速探测的主要设备之一。

3. 天气雷达

天气雷达又称为测雨雷达。20 世纪 70 年代开始、在气象部门广泛使用天气雷达,为台风和降水观测积累了大量资料,以后逐渐定型的天气雷达主要有"711"、"712"、"713"、"714"、"715"、"716"雷达,已经形成了我国的天气雷达系列。天气雷达的测量对象主要是云雨目标,常规的天气雷达测量的是云雨同波的强度和位置。目前的主要工作是增加多普勒功能,使其可以同时提供降水强度和运动方向及速度的数据,进而测量云雨目标的内部结构,实现对云雨目标的运动速度、方向和内部湍流结构的测量。

天气雷达的发展方向,将是提高其多普勒性能以及采用双偏振多普勒技术。同时需要研究的是对其回波的分析,利用计算机和数字图像技术,得到天气雷达回波中更多和更有用的信息。

4. 雷达探测设备

闪电是大气中发生的火花放电现象,它通常在积雨云中出现。闪电按照其发生的部位可分析云内闪电、云际闪电和云地闪电。无论哪一种闪电都可能对人类活动和生命安全造成重大危害。

雷电探测设备的理论基础是"门控磁方向测向技术"和"闪电波形鉴别技术"。它主要用于确定地闪的方位和强度。一个多站系统至少应包含二台探测器和一个位置分析器。位置分析器完成方位交会定位,并将结果提供给系统远程终端或近程终端。位置分析器还可以连接天气雷达气象卫星终端以及打印机、绘图仪等,输出详细的原始资料。

5. 风廓线仪

风郭线仪又称为风廓线雷达,其探测目标是大气湍流介质。根据湍流大气对电磁波的散射理论和湍流介质中折射率起伏理论,可以得到湍流介质反射率,从而得到风向风速。随着UHF 波段风廓线仪的迅速发展,声测温探测技术(RASS)也得到了应用。风廓线仪、的测量误差,在很大程度上取决于测量时风场偏离"各向同性"的程度,即测量误差可能随天气条件变化。因此,在实际测量时,风廓线仪通常采用时间累积的方法,取风向风速的平均值,累积时间通常要在 10min 以上。

第六节　　海洋水文观测

海洋水文观测要素一般包括:水温、盐度、海流、海浪、透明度、水色、海发光和海冰等。如有需要还要观测水位。每次调查的具体观测要素,必须根据任务书或合同书的要求而定。而观测方式,依据调查任务的要求与客观条件的允许程度,水文观测方式可选择下列中的一种或多种:大面观测、断面观测、连续观测、同步观测以及走航观测。

一、水温观测

海水的温度是海洋物理性质中的最基本要素之一。海洋水团的划分、海水不同层次的锋面结构、海流的性质判别等都离不开海水温度这一要素。水温的分布与变化又影响并制约其他水文气象要素的变化;海水密度的大小和温度的高低相关,地球上水温分布不均匀,导致海水发生水平方向与垂直方向的运动。此外,海雾、气温、风等也直接或间接地与水温有关。掌握水温的分布和变化对巩固国防、推动国民经济发展、提高人民群众生活质量有着重要意义。

(一)水温观测的基本要求

可从水温观测的准确度要求和水温观测的时次与标准层次的两方面来论述。

1. 水温观测的准确度要求

海洋温度的单位,均采用摄氏温度(℃),由于温度对密度的影响显著,而且密度的微小变化都可导致海水大规模的运动。因此,世界海洋学家们有如下的共识。

(1)对于大洋,因其温度分布均匀,变化缓慢,观测准确度要求较高,一般温度应精确到一级,即±0.02℃。这个标准与国际标准接轨,有利于与国外交换资料,但对于遥感手段观测海水温度,或用XCTD、XBT等观测上层海水的跃层情况时,可适当放宽要求。

(2)在浅海,因海洋水文要素时空变化剧烈,梯度或变化率比大洋的要大上百位乃至千倍,水温观测的准确度可以放宽。对于一般水文要素分布变化剧烈的海区,水温观测准确度为±0.1℃。对于那些有特殊要求,如水团界面和跃层的微细结构调查,以及海洋与大气小尺度能量交换的研究等。应根据各自的要求确定水温观测准确度。例如,三级准确度为±0.2℃。

2. 水温观测的时次与标准层次

其中观测层次相对复杂于观测时次,因为观测时次如沿岸台站只观测表面水温,为此下面着重介绍观测层次。

(1)观测层次。水温观测分为表层水温观测和表层以下水温观测。对表层以下各层的水温观测,为了资料的统一使用。我国现在规定的标准观测层次,如表3-16所示。

表3-16　标准观测层次　　　　　　单位:m

水深范围	标准观测水层	底层与相邻标准水层的距离
<10	表层、5、底层	2
10~35	表层、5、10、15、20、底层	4
25~50	表层、5、10、15、20、25、30、底层	4
50~100	表层、5、10、15、20、25、30、50、75、底层	5
100~200	表层、5、10、15、20、25、30、50、75、100、125、150、底层	10

水深范围	标准观测水层	底层与相邻标准水层的距离
>200	表层、10、20、30、50、75、100、125、150、200、250、300、400、500、600、700、800、1000、1200、1500、2000、2500、3000、水深大于3000m 每1000m 加一层、底层	275

其中,表层指海表面以下 1m 以内水层,底层的规定如下:水深不足 50m 时,底层为离底 2m 的水深;水深在 50~100m 范围内时,底层离底的距离为 5m;水深在 100~200m 范围内时,底层离底的距离为 10m;水深超过 200m 时,底层离底的距离,根据水深测量误差、海浪状况、船只漂移等情况和海底地形特征综合考虑,在保证仪器不触底的原则下尽量靠近海底,通常不小于 25m。

另外,利用温深系统可以测量水温的铅直连续变化,但在正式资料汇编中,还必须给出标准层次的温度。

(2)观测时次。沿岸台站只观测表层水温,观测时间一般在每日的 2 时、8 时、14 时、20 时进行。海上观测分表层和表层以下各层的水温观测,观测时间要求为:大面或断面站,船到站就观测一次;连续站每两小时观测一次。

(二)各式测温计简介

温度计的种类很多,但概括起来有液体式和机械式温度计、电子温度计以及远距离海表温度辐射探测等。现分述如下。

1. 液体和机械式温度计

液体温度计的代表者是表面温度计和颠倒温度计。颠倒温度计自 1870 年发明以来,至今已有 100 多年了。由于其观测准确度高、使用方法、性能比较稳定。到目前为止,仍然是深层水温观测的基本标准仪器,但它只能在停船时使用,而且只能测定单层温度。机械式温度计的代表者是深度温度计(BT),它是一种记录温度随深度变化的仪器,用于自动记录水深在 1000m 以内的水温变化情况,另一种深度温度计带有采水器,可同时在各指定的标准层采取水样,其观测准确度为±0.2℃。这种温度计在海洋界使用了 30 年之久,现已被淘汰。

2. 电子温度计

上述两种温度计有不少缺点,如感温较慢、灵敏度不高、不能长期连续自记等。因而近年来在深层水温观测中广泛采用电子式温度计。根据感温元件和传送讯号的不同,这类温度计可分为下列几种。

(1)热电式温度计。其感应元件是热电偶,它可在定点或走航时使用,其测量范围一般在 100m 以内,而不能测量更深层水温,同时测温准确度较低,约为±0.5℃。

(2)电阻式温度计。采用金属丝电阻(铂金丝或锰铜丝等)、热敏电阻作为感温元件。这类温度计在定点或走航时均可使用,准确度较高,约±0.1℃,测温深度可达 500m,因此是目前国内外广泛采用的一种测温仪器。

(3)电子式温度计。感温元件与电阻式温度计相同,仅是将感温元件作为阻容振荡电阻的调频元件。这类温度计在定点和走航时均可使用,准确度较高,在定点测温时准确度可达±0.02℃,当航速为 16kn 时准确度可达 0.1℃。因此被广泛使用。

(4)晶体振荡式温度计。采用石英晶体作为感应元件。此类温度计准确度很高,可达±0.001℃,分辨率能达到0.0001℃,但感温时间较长,不适用于走航测温,而且专供定点观测及校正仪器之用。

3.远距离海表温度辐射探测

近十几年来,根据红外谱区测得的辐射值,推算海表面温度技术已得到广泛应用。

红外辐射计工作原理,是将海面发射的特定谱里的辐射强度和接收器内黑体腔辐射强度进行对比而得。来自海面和黑体腔的辐射经过探测器的透镜前齿形调制片调制后,交替地进入探测器;当调制片挡住透镜时,其镀金表面就像镜子一样,把来自黑体腔的辐射反射到主探测器,调制结果产生一个交流信号。随后即进入放大器,从而确定辐射强度。在此基础上,通过一些反演方法可以反演出海表温度。

二、盐度测量

海水盐度是海水含盐量的定量量度,是海水最重要的理化特性之一。它与沿岸径流量、降水及海面蒸发密切相关。盐度的分布变化也是影响和制约其他水文、化学、生物等要素分布和变化的重要因素,所以海水盐度的测量是海洋观测的重要内容。

(一)观测时间、标准层次及准确度的要求

盐度与水温同时观测,大面或断面测站,船到站观测一次,连续测站,一般每2h观测1次。根据需要,有时1h观测1次。

盐度测量的标准层次及其他有关规定与温度相同根据不同观测任务,提出对测盐准确度的要求,通常对海上水文观测中盐度准确度分为三级标准。如表3-17所示。

表3-17 测量范围、准确度和分辨率

准确度等级	准确度	分辨率
1	±0.02	0.005
2	±0.05	0.01
3	±0.2	0.05

(二)盐度测量方法

盐度测量,就方法而言,有化学方法和物理方法两大类。

1.化学方法

化学方法简称硝酸银滴定法,其原理是,在离子比例恒定的前提下,采用硝酸银溶液滴定,通过麦克伽莱表查出氯度,然后根据氯度和盐度的线性关系,来确定水样盐度。此法是克纽林等在1901年提出的。在当时不论从操作上,还是其滴定结果的准确度,都是令人满意的。

2.物理方法

物理方法可分为比重法,折射法和电导法三种。

比重法测量是海洋学中广泛采用的比重定义,即一个大气压下,单位体积海水的重量与同温度同体积蒸馏水的重量之比。由于海水比重和海水密度密切相关,而海水密度又取决于温度和盐度,所以比重计的实质是:从比重求密度,再根据密度、温度推求盐度。

　　折射法是通过测量水质的折射率确定盐度。以上两种测量盐度的方法存在误差较大、准确度不高、操作复杂、不利于仪器配套等问题。尽管还在某种场合下使用,但逐渐被电导测量所代替。

　　电导法是利用不同盐度具有不同导电特性来确定海水盐度的。自 1978 年的实用盐标解除了氯度和盐度的关系之后,就直接建立了盐度和电导率比的关系。由于海水电层率是盐度、温度和压力的函数。因此通过电导法测量盐度必须对温度和压力对电导率的影响进行补偿。采用电路自动补偿的这种盐度计为感应式盐度计。采用恒温控制设备,免除电路自动补偿的盐度计为电极式盐度计。

　　感应式盐度计以电磁感应为原理,它可在现场和实验室测量,而得到广泛的应用。在实验室测量中其准确度可达±0.003。该仪器对现场测量来说是比较好的,特别对于有机污染含量较多,不需要高准确度测量的近海来说,更是如此。然而,由于感应式盐度计需要的样品很大。灵敏度不如电极式盐度计高,并需要进行温度补偿,操作麻烦,这就导致感应式盐度计又向电极式盐度计发展。

　　最先利用电导测盐的仪器是电极式盐度计。由于电极式盐度计测量电极直接接触海水,容易出现极化和受海水的腐蚀、污染,使性能减退,这就严重限制了在现场的应用,所以主要用在实验室内做高准确度测量。加拿大盖德莱因(Gnildline)仪器公司采用四极结构的电极式盐度计(8400 型),解决了电极易受污染等问题,于是电极式盐度计得以再次风行。目前广泛使用的 STD、CTD 等剖面仪大多数是电极式结构的。

　　(三)"SYC2-2"型实验室海水盐度计测量盐度

　　"SYC2-2"型实验室盐度计是利用电极电导池在实验室测试海水相对电导率的一种仪器。其测量海水范围相当于盐度 3~43,使用环境温度条件在 0℃ 以上,室温与通常温度条件下均可,被测水样温度范围在 0~4℃。仪器盐度测量准确度为±0.003,耗水样数量(包括洗涤)共计 60mL,水样采集后可立即测定。用可换海水作温度补偿,因此无须定期校正温度补偿电路,而且适合在陆上或船上的实验使用。SYC2-2 型实验室海水盐度计的外部结构。如图 3-13 所示,介绍内容包括测定方法及仪器维护与使用注意两个方面。

　　1. 测定方法

　　包括使用前的准备工作以及使用操作步骤两方面内容。

　　(1)使用前的准备工作,概括起来有以下 6 个方面的工作要做。具体是:

　　①准备一个 10L 左右的小口试剂瓶,内装经粗滤纸或 2~3 号砂芯漏斗过滤的任何盐度的海水。瓶口装橡皮塞,插一支出水导管再插一支有活塞的短通气管,以防止瓶内海水蒸发,其盐度用本盐度计测出,写成标签贴在瓶上,在 2~3 个月内可作为"参考海水",以便时常档核仪器的状况和使用者的操作是否正常。对一些要求不高的测试,可以代替标准海水使用。

　　②备粗滤纸一盒,规格为 6×9 的乳胶管和弹簧夹若干,再备标准海水若干,每次校准时需要一瓶。

　　③在盐度计的小型有机玻璃水浴中注入蒸馏水,水面距盖约 3cm 即可。再用一乳胶管将出水口引至下水道或废水桶内。

　　④进行以下操作将使仪器的电导池进水系统具有自动抽吸功能。并先把装在出水阀下端的排水管取下。变成 U 形且灌清水,再将原取下端装回到水阀下端,然后任它自然下垂。两条出水管都照此法处理。

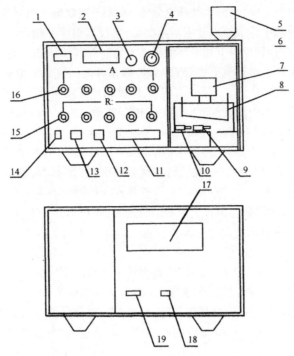

图 3-13　SYC2-2 型仪器面板示意

1-平衡指示表;2-显示器;3~4-补偿电容(c×);5-温度补偿电导池入水口(后);

6-样品海水电导池入水口(前);7-搅拌马达;8-电导池(前为样品海水电导池,后为温度补偿电导池);

9-样品海水出水阀门;10-温度补偿出水阀门;11-增益衰减;12-显示开关;13-电源开关;

14-接地端;15-测量单元 Rt;16-校准单元 A;17-电池盒;18-电源插座(交流 220V);19-交直流转换开关

⑤若仪器的使用环境中电磁干扰较大时(例如在船上),可把仪器的接地端接到地线或船体上。

⑥准备记录本或记录表,以便记录样品的测定结果。其中,一定要有一栏用于记录所用标准海水的盐度值及 R_t 值,以及进行定位校准后的 A 值。记下 A 的数值有助于监视仪器在进行测量过程中或间歇时间中,是否有人动过"校准 A"这一组旋钮,以免产生意外的人为误差。

(2)使用操作步骤。从校准和测量样品海水盐度的两个步骤来论述。具体分述如下:

①校准。即用标准海水对仪器进行定位调整。此工作可每天进行一次。对于要求不高的测试,可用"参考海水"代替标准海水来进行。操作步骤如下:在标准海水标签盐度值近于 35(即/R_{15} 近于 1)的条件下,可直接用瓶签标注的 R_{15} 值作为 R_t 值。若用户是用参考海水代替标准水,要按温度8 值查到这份标准海水的相对电导率 R_t;再将仪器的读数单元 R_t 的五个旋钮旋到这个数值。

打开两只电导池的出水阀门将积水放走,再关好,装好盛海水的容器。取一瓶标准海水,检查时封口是否完好。然后用力摇动安瓿使海水混合均匀。再用小锉刀将安瓿两端细管锉出刻痕,折断其中一端,甩出少许海水。使可能存留在管口的破玻璃淌走,再在此管上套一段长约 10cm 的干净乳胶管,夹上弹簧夹子,再折断安瓿的另端细管,也甩出少许海水,排走可能残留的碎玻璃片,套上一段约长 5cm 长的脖胶管,夹上弹簧夹子,并将安瓿固定在一铁架上,将长的一根乳胶管接到补偿电导池上方的导管上,松开安瓿上弹簧夹,控制仪器上相应的阀门,使标准海水进入电导池1中,当海水注满电导池,并无气泡存留于电导池中的两只电极间,即可关阀门。这只电导池中标准海水盐度不需准确,它仅起温度补偿及参考作用。若电导池中有气泡不易排走,可以轻轻捏一下和电导池相连的乳胶管,帮助排走气泡,再夹紧弹簧夹,并将安瓿管口乳胶管至样品电导池上方导管(靠近操作者的一支);松开弹簧夹,并控制相应的阀门使标准海水进入此电导池2。第一次放水,应放到使安瓿中标准海水剩下1/4为止,并使电导池中两铂电极间海水中没有气泡。接着对校准单元A的五个旋钮进行平衡调整。检测增益放到"×1"档,调节校准A的第一个旋钮,使平衡指示器μA读数最小;再将检测增益放到"×10"档,调节校准A的第二个旋钮,便平衡指示器μA读数最小;依次做到增益放到"×10K"档,调节校准A的第五个旋钮及C_x,使指示器μA读数最小,记下这时校准单元A的读数。再从安瓿中放出约5~10mL标准海水;等2min后,调整单元A的第四五两位和C_x,应能重新使μA读数最小。这时,校准A的读数与前次记下的读数之差,应在第五位不超过夂若未达到此要求,可再试放5~10mL标准海水重复以上操作。直到相邻两次抽水后的读数A相差不超过5,校准即告完成。

在测量过程中,校准单元A的旋钮均不得再动。开阀门放尽这个(靠近操作者)样品电导池中的标准海水,再关好(注意补偿电导池中标准海水在测量过程中不要放出)。

②测量样品海水盐度。装上样品电导池上的容器,将样品注入仪器上靠近操作者的样品容器中,再将样品容器盖上。控制相应的阀门使此海水进入"样品电导池"。这是第一次放水,应放到使样品容器中的海水剩下约1/4为止。当电导池上无气泡时,就可进行平衡调整。检测增益放到"×1"档,调Rt单元的"×0.1"档使指示器μA读数达到最小位置;再把检测增益放到"×10"档,调Rt单元的"×0.01"档使指示器μA读数达到最小位置;再把检测增益放以"×100"档,调Rt单元的"×0.001"档使指示器μA读数达到最小位置;再把检测增益放到"×1K"档,调份单元的"×0.0001"档和C_x,使μA读数达到最小位置;最后检测增益放到"×10K"档,调Rt单元的"×0.00001"档和C_x,使μA读故达到最小位置;记下这个读数Pt,以及水浴温度t数值(至第一位小数)。对于要求特别高的测定,可再放5~10mL样品海水。等2min后重复以上操作,所得读数Rt应在最后一位相差不超过5,这个读数即为样品海水的正式读数。打开"显示"开关,机内的微计算机就自动给出温度值和盐度值。其中温度值先显示,只保持2s;然后显示盐度值并一直保持,直到关掉显示。

2. 仪器的维护及使用注意事项

归纳起来有以下多项事例:①只有当μA指针已落到"0"附近,才能转动检测增益旋钮放到较大的档位;②校准或测量中,当发现某档为"0"仍不能够接近平衡时,应将前一档减1,再调此档旋钮;若发现某档为9仍不能够接近平衡,则将前一档加1再调此档,否则往下各档便无法调整;③调C_x,一般是在调第4位和第5位时使用,停在使μA在读数最小之位置。调整到μA读数最小以后,若发现它自动慢慢变大,则说明温度还不够均匀,应等候一分钟后再进行调整;④仪器正常工作的条件是在两电极间没有气泡或其他异物。若有气泡,必须继续抽取海水使之放出。判断安瓿两端细管时,可能有小碎片留在管中,可以松一下弹簧夹子放出少许海水,以使小碎片冲走,防止它被抽入电导池,若测量电极间存在有异物或气泡,就会引起很大误差。每个水样的第一次放水必须放到样品容器中仅剩1/4左右,即样品难容的刻痕处,测量才能准确;⑤若水样不够清洁,就通过带有砂芯的漏斗注入水样,注意不要将污物倒入电导池上容器中;⑥必须保持电导池水浴单元的清洁干燥,勿将抽水管等杂物放入,以免造成锈蚀及接电端漏电;⑦保持电导池清洁,仪器才能精确。测量结束时,应将两支电导池都抽入蒸馏水保养,勿将海水留在其中;⑧发现测量稳定性下降,即两次测量同一份水样的读数 Rt 尾数相关超过 30,可能是电导池已被污物附着。将 4mol/L 的盐酸注入电导池浸洗 15min,然后蒸馏水再浸洗 1h,这样处理后,性能将会恢复;⑨注意电导池的出线与仪器的接法,不能接错。在水浴盖板上,中间一个接线柱是两支电导池公用的。用户应避免进行拆装;⑩在每次更换样品电导池中的海水时,首先要开阀门放尽存水,再关好阀门;用滤纸擦干"样品容器"内壁,然后再注入海水,这样可以保证较高的准确度,如果备有的水样数量很充分,可将"样品容器"先进行"淋洗",然后再注满"样品容器"扣上盖,用于测量,这比用滤纸更方便,效果也更好;⑪本仪器的"显示"开关,在记下读数后要关掉,以免发生误会;⑫使用中若发生使用者无法排除的故障。则要及时与制造厂联系;⑬本仪器为交直流电源两用型。电源转换开关在仪器的背面。拨到交流一档,表示可以从电源插头输入 220V 交流电;拨到直流一档,表示使用电池盒内的9V 干电池。

三、透明度、水色、海发光的观测

透明度是表示海水透明的程度。水色是表示海水的颜色。海发光是指夜晚海面生物发光的现象。对海水透明度、水色和海发光的观测,有利于保证海上交通运输的安全、海上作战以及水产养殖业等的发展。研究水色和透明度也有助于识别大洋洋流的分布,而且对渔业和盐业也有一定意义。

(一)透明度观测

海水透明度的最早定义,是指用一种直径为 30cm 的白色圆板(透明度盘)。在船上背阳一侧,垂直放入水中,直到刚刚看不见为止。透明度板"消失"的深度称为透明度。这一深度是白色透明度板的反射、散射和透明度板以上水柱及周围海水的散射光相平衡时的结果。所以用透明度板观测而得到的透明度是相对透明度。这种观测透明度虽然简便、直观,但有不少缺点,如受海面反射光的影响、观测者眼睛的近视程度有关等,而且透明度盘只能测到垂直方向上的透明度,不能测出水平方向上的透明度,所以近年来国际上多采用仪器来观测光能量在水中的衰减,以确定海水透明度程度,并对透明度做出新的定义。

透明度的新定义是:一平行光束在水中传播一定距离后,其光能流 I 与原来光能流 I_0 之比。即:

$$T = \frac{I}{I_0}$$

而光在海水中衰减规律为:

$$I = I_0 e^{-rz}$$

式中:z 为水深,m;r 为衰减系数。显然,透明度 T 与衰减系数 r 有关,比较上两式可得:

$$T = e^{-rz}$$

如果取光在海中传播距离 $z = 1$m,那么透明度值的自然对数便与衰减系数的绝对值相等,即:

$$lnT = |r|$$

因而,只要测量了透明度,便可得到衰减系数。衰减系数的倒数 L 称为衰减长度,它与圆板透明度的数值大体相等。例如,某海区衰减系数为 $0.05m^{-1}$ 则 $L=1/r=1/0.05=20m$。所以透明度的新定义更能表现海水的物理性质。

至于透明度的具体观测方法和注意事项,分述于后,这里先看透明度盘的结构,如图 3-14 所示。

图 3-14 透明度盘外形示意

透明度盘是一块漆成白色的木质或金属圆盘,直径 30cm,盘下悬挂有铅键(约 5kg),盘上系有绳索,绳索上标有以分米为单位的长度记号,绳索长度应根据海区透明度值大小而定,一般取 30~50m。

1. 观测方法

在主甲板的背阳光处,将透明度盘放入水中,沉到刚好看不见的深度,然后再慢慢地提到隐约可见时,读取绳索在水面的标记数值(有波浪时应分别读取绳索在波峰和波谷处的标记数值)。读到一位小数,重复 2~3 次,取其平均值,即为观测的透明度值,记入水温观测记录表中,若倾角超过 10°,则应进行深度订正。当绳索倾角过大时,盘下的铅键应适当加重。

透明度的观测只在白天进行,观测时间为:连续观测站,每 2h 观测 1 次,大面观测站,船到站观测。观测地点应选择在背阳光的地方。观测时必须避免船上排出的污水的影响。

2. 注意事项

概括起来有以下 3 个方面:①出海前应检查透明度盘的绳索标记,新绳索使用前须经缩水处理(将绳索放在水中浸泡后拉紧晾干),使用过程中需增加校正次数;②透明度盘应保持洁白,当油漆脱落或脏污时应重新油漆;③每航次观测结束后,透明度盘应用淡水冲洗,绳索须用淡水浸洗,晾干后保存。

(二)水色观测

海面的颜色主要取决于海面对光线的反射。因此,它与当时的天空状况和海面状况有关。而海水的颜色是由水分子及悬浮物质的散射和反射出来的光线决定的。故称水色。而且海水是半透明的介质,太阳光线射达海面时,一部分被海面反射,反射能量的多少与太阳高度有关,太阳高度愈大,反射能量愈小;另一部分则经折射而进入海水中,而后被海水的分子和悬浮物质吸收和散射。由于各种光线在进入海水中后被吸收和散射的情况不同。因此就产生了各种水色。

至于水色观测是用水色计目测确定的,水色计是由蓝色、黄色、褐色三种溶液按一定比例配制的 21 种不同色级(如图 3-15 所示)。分别密封在 22 支内径 8mm,长 100mm 的无色玻璃管内,置于敷有白色衬里的两开盒中(盒的左边为 1~11 号,右边为 11~21 号),其中,1~2 号是蓝色;3~4 号是天蓝色;5~6 号是绿天蓝色;13~14 号是绿黄色;15~16 是黄色;17~18 号褐黄色;19~21 号是黄褐色。水色测定方法和注意事项如下。

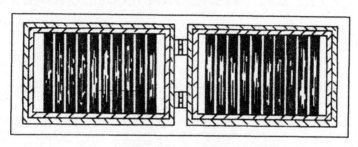

图 3-15 水色计示意

1. 观测方法

观测透明度后,将透明度提到透明度值一半的位置。根据透明度盘上所呈现的海水颜色,在水色计中找出与之最相似的色级号码,并计入水色观测记录表中,水色的观测只在白天进行,观测时间为:连续观测站,每 2h 观测 1 次,大面观测站,船到站观测;观测地点应选择在背阳光的地方,观测时必须避免船上排出的污水的影响。

2. 注意事项

概括起来有以下 3 点:①观测的水色计内的玻璃管应与观测者的视线垂直;②水色计必须保存在阴暗干燥的地方,切忌日光照射,以免褪色,每航次观测结束后,应将水色计擦净并装在里红外黑的布套里;③使用的水色计在 6 个月内至少用标准水色校准一次,发现褪色现象,应及时更换,作为标准用的水色计(在同批出厂的水色计中,保留一盒),平时应封装在里红外黑的布套中,并保存在阴暗处。

(三)海发光的观测

海发光是海中的微光。它是指夜间海面生物的发光现象。海发光并不是海水本身具有什么发亮的性质,这种闪光完全是从生活在海水中的生物发出来的。这些能发光的生物大概有以下一些:①发光细菌,在沿岸以及大河注入的海区繁殖。它们所发的光以蓝色、黄色和绿色的成分较多,其强度很微弱;②单细胞有机物,如夜光虫,在海中凭借其体内的一种脂肪物质发光,它们发出的光由白色、浅绿或淡红的闪光组成。海水扰动越激烈,闪光愈频繁;③较复杂的海生生物发光。如水母、海绵、贻贝、管水母、环虫、介贝也能发光。它们躯体上有特殊的发光器官,当受到刺激时便会发光;④鱼也能发光。它们体内能分泌一种特殊物质,这种物质与氧作用而发光。

至于海发光的观测项目。观测方法以及观测中的注意事项等,分述于后。

1. 观测项目

有发光类型和发光强度(等级)。发光类型可分为火花型(H)、弥漫型(M)、闪光型(S)。

火花型(H)。它主要由大小为 0.02~51mm 为发光浮游生物引起的,是最常见的发光现象,仅当海面有机物受到扰动或生物受化学物质刺激时才比较显著。而在海面平静或无化学物质刺激时,发光极其微弱。

弥漫型(M)。它主要是由发光的细菌发出的。其发光特点是海面上一片弥漫的白色光泽,只要这种发光细菌大量存在,在任何海况下都会发光。

闪光型(S)。它是由大型发光动物(如水母等)产生的。像其他发光一样,在机械或化学物质刺激下,发光才比较显著,闪光通常是孤立出现的,当大型发光动物成群出现时,这时发光才比较显著。

而海发光的强度,分为五级,各级的特征如表3-18所示。

表3-18　海发光强度的等级

等级	火花型(H)	弥漫型(M)	闪光型(S)
0	无发光现象	无发光现象	无发光现象
1	在机械作用下发光,勉强可见	发光勉强可见	在视野内有几个发光体
2	在水面或风浪的波峰处发光,明晰可见	发光明晰可见	在视野内有十几个发光体
3	在风浪、涌浪的波面上发光显著,漆黑夜晚可借此看到水面物体的轮廓	发光显著	在视野内有几十个发光体
4	发光特别明亮,连波纹上也见到发光	发光特别明亮	在视野有大量的发光体

2. 观测方法

根据海发光的征兆,目测判定海发光的类型和等级,并记入表3-19中,为能感觉出微光,观测前观测者应在黑暗环境中适应几分钟。观测地点应选在船上灯光照不到的黑暗处。海发光只在夜间观测,连续观测站,在每日的20时、23时和2时观测;大面观测站船到站观测,但两站间的航行中要观测一次;海滨观测站在每日天黑后进行一次海发光观测。

表3-19　海发光观测记录

海区____调查船____观测日期____年____月____日至____年____月——日

序号	站号或由站至站	站位		观测时间	发光类型	发光等级	有无星月或降雨	观测者	校对者	备注
		纬度	经度							

3. 观测时注意事项

概括起来有下列三点:①海面平静,观测不到海发光时,可用工具搅动海面;②两种海发光类型同时出现时应分别记录;③海面没有发光现象或在月光较强的情况下,无法观测海发光时,则须在表3-17中发光类型栏内记"×",无海发光时记为"O"。

四、海流观测

了解海水流动的规律可以直接为人民群众生产、生活、国防、海运交通、渔业生产以及建港工程等服务。海流与渔业关系密切，如在寒流与暖流交汇的地方往往是好渔场；在建港中要计算海流对泥沙的搬运，在海上交通中要考虑顺流可节约时间等。另外，了解海水运动的规律，对海洋科学其他领域研究也有密切关系，例如，水团的形成、海水内部及海气界面之间热量的交换等均与海流研究有关。

这里所讲的海流观测，主要是指海水运动空间尺度较大（大于 5km）、时间尺度较长（周期超过 12h）的运动，其中包括潮流和常流两个部分。下面着重介绍海流观测方法和海流计简介两个部分的内容。

（一）海流观测方法

海流观测包括流向和流速，流向是指海水流去的方向，单位为度（°），如正北为 0°，顺时针旋转，正东为 90°，正南为 180°，正西为 270°。流速是指单位时间内海水流动的距离，单位为 m/s 或 cm/s。海流观测层次参照温度观测层次，或根据需要选定。但海流观测的表层，规定为 0~3m 以内的水层，由于船体的影响（流线改变或船磁影响），往往使得流速、流向测量不准。

随着科学技术和海洋学科的不断发展。观测海流的方法也在不断改善和提高，按所采用的方式和手段，观测海流的方法大体划分为随流运动进行观测的拉格朗日方法和定点的欧拉方法。

1. 浮标漂移测流法

它是根据自由漂移物随海水流动的情况来确定海水的流速、流向，主要适用于表层流的观测。这种方法虽然是一种比较古老的方法，但在表层观测中有其方便实用的优点，而且随着科技的发展，已开始应用雷达定位、航空摄影、无线电定位等工具来测定浮标的移动情况，这样就可以取得较为精确的海流资料。

2. 定点观测海流

目前海洋水文观测中，通常采用定点方法测流，以锚定的船只或浮标、海上平台或特别固定架等为承载工作，悬挂海流计进行海流观测。

3. 走航测流

在船只航行的同时观测海流，不仅可以节省时间，提高效益，而且可以同时观测多层海流。此外，可使用常规方法很难测流的海区（如深海）的海流观测得以实现。新近发展和应用的一些走航式海流观测仪器（如 ADCP）为海流观测开辟了新途径，测流方式也提高到了新的水平。其测流原理大多是，测出船对海底的绝对运动速度和方向或利用高精度 GPS 求出船的绝对运动速度和方向，同时测出船对水的相对运动速度和方向，再经矢量合成得出海水对海底的运动速度和方向，即可得出海流的流速和流向。

4. 海流连续观测的准确度要求

流速不大于 100cm/s 时，水深在 200m 以浅海区流速测量的准确度应为 ±5cm/s；水深在 200m 以深的海区，流速测量的准确度为 ±3cm/s，流向测量的准确度为 ±10°。流速超过 100cm/s 时，水深在 200m 以浅的海区，流速测量准确度为 ±5%，水深在 200m 以上的海区，流速测量的准确度为±3%,流向测量的准确度均为±10°,随着海流仪器的发展。这些准确度要求也在逐渐提高。

5.海流观测注意事项

观测浅层(船吃水深度三倍以内的水层)海流时,应借助小型锚定浮标或施放小艇进行观测,以消除船体的影响;利用调查船为承载工具测线层以下各层海流时,若使用非自记海流计,待海流计沉放至预定观测水层后即可进行观测;使用自记海流计,可根据绞车和钢丝绳的负载,串挂多台海流计同时观测多层海流。测流时,必须记录观测开始时间和结束时间。

如果用自记海流计悬挂于浮标或潜标上进行海流观测时,投放与回收浮标(或潜标)的船只必须具备专用提吊设备,浮标(或潜标)锚定后记录观测开始时间和浮标(或潜标)准确位置。观测结束,回收浮标(或潜标)前记录观测结束时间,浮标或潜标上的闪光装置须切实水密,保证正常连续闪光,在深海测流时,如船只抛锚困难且深层流速确实很小,可用"双机法"观测,即在漂移船只上,将一台海流计置于预定观测水层,而将另一台海流计沉放至"无流层",两层海流计观测结果的矢量差,便是预定水层的海流观测值。

当施放海流计的钢丝绳或电缆的倾角超过10°,应进行倾角订正。然而,以船只为承载工具进行海流连续观测时,应至少每3h观测1次船位。如发现船只严重走锚(超过定位准确度要求),应移至原位,重新开始观测。同时,周日连续观测一般不得缺测,凡中断观测2h以上者,最好重新观测。

(二)海流计简介

海流观测是水文观测中最重要而且又是最困难的观测项目。现场条件对海流观测的准确度有极大的影响。为了在恶劣的海洋条件下,能准确、方便地观测海流,科学家研制出了各种特色的海流观测仪器。其中有机械旋桨式海流计、电磁海流计、声学多普勒海流计及其剖面仪等。

1.机械旋桨式海流计

这类仪器的工作原理是依据旋桨叶片受水流推动的转数来确定流速,用磁罗经确定流向(必须进行磁差校正)。根据这类仪器记录方式的特征,大致可分为厄克曼型、印刷型、照相型、磁带记录型、遥测型、直读型、电传型等形式的旋桨式海流计。下面着重介绍几种。

(1)磁录式海流计。它是浮标用定点自记测流仪器,其工作原理多数将测量数据以二进制编码方式记录在磁带上,也有用其他方式记录在磁带上的,最大使用深度为1000~6000m,大致测量流速范围为3~400cm/s,准确度为3~5cm/s,流向准确度±5°,如挪威产的安德拉海流计,它是目前全世界使用最广泛的海流计。如图3-16所示。

图3-16　安德拉海流计示意

（2）遥测海流计。它是浮标用定点自记测流仪器。该仪器系统为双频道的无线电遥测装置，包括装在浮标上的传感器和装在船上或岸上接收装置。流速和流向值根据自记仪纸带上记录脉冲频率和相对位置而进行测定。安装在岸上或船上的接收装置能够连续定向接收来自三个浮标的数据，其测量范围为 10～360cm/s，流速测量准确度为 ±5cm/s，流向测量准确度为 ±5°。

（3）直读式海流计。系船用定点测流仪器。流速流向测量的信号均经电缆传递到显示器，测量数据直观、资料整理方便，测量速度快，有的可以兼测深度。仪器最大使用深度为 150～660m，流速测量范围为 5～700cm/s。这种仪器美国、苏联、日本都有使用。

2. 电磁海流计

该类仪器是应用法拉第电磁感应定理。通过测量海水流过磁场时所产生的感应电动势来测定海流的。根据磁场的来源不同，可分为地磁场电磁海流计和人造磁场电磁海流计。

（1）地磁场电磁海流计，它可分为深海型和表层型。深海型不适用于表层测流，在水深小于100m 的海区不宜使用；表层型只适用于测表面层的海流。地磁场电磁海流计的优点是可以走航自记，水下部件结构简易，可靠性高；缺点是由于它与地球垂直磁场强度有关，不能在赤道附近使用，只适用于地磁垂直强度大于 $0.1A/m^2$ 的海区。同时，它受船磁的影响也较大、其测流范围在 3～300cm/s，流速测量准确度为 ±2cm/s，流向测量准确度为 ±5°。

（2）人造磁场电磁海流计，其使用受深度和纬度的限制不大。适用于船用或锚定水下测量，和通常使用的直读式海流计差不多，只是水下传感器不同。如法国海洋鉴定设备公司生产的 MKIII 型电磁海流计，它的水下传感器呈流线型，底部垂直地安装两对电极，内装有电磁线圈，把 30Hz 的正弦交流电作用在线圈上，线圈便产生一交流磁场，当海水流过磁场时，电极产生一个输出信号，根据输出信号的相位和振幅，最后换算得出流速值。该仪器流速测量范围为 15.4～257cm/s，测量准确度为 ±0.26cm/s，目前，世界上广泛使用的是美国 Interocean 公司生产的 S4 型的电磁海流计。其外形是球形，很好地解决了仪器倾斜对测流的影响，其主要优点是准确度高，测量值可靠，体积小，操作方便。无活动部件，对流场影响小，其测量范围为流速 0～350cm/s，流速准确度为 ±1cm/s 或 ±2% 满量程，流向准确度为 ±2°，外形如图 3-17 所示。

图 3-17　S4 电磁海流计示意

3. 声学多普勒海流计

这类仪器是以声波在流动液体中的多普勒频移来测流速的，其优点是声速可以自动校准，能连续记录,仪器无活动部件,无摩擦和滞后现象,测量时感应时间快,测量准确度高,可测弱流等。其缺点是存在仪器的本身发射功率、电池寿命和声波衰减等问题。因此限制了该仪器的使用。该类仪器的流速准确度为±2cm/s,流向准确度为±5°,工作最大深度为50~6000m,广泛使用的有美国的 UCM-60(见图3-18 所示)、EG& 公司的 SACM-3 声学海流计和挪威安德拉公司生产的 RCM9 多普勒海流计。

图 3-18　声学多普勒海流计示意

4. 其他测流仪

有光学式海流计、电阻式海流计、遮阻涡流海流计等,简介如下。

(1)光学式海流计。通过多年的研究,国外有人认为激光多普勒技术可以应用在海洋中测流,认为激光多普勒流速计的准确度能达到百分之几的量级,空间分辨率大约为 0.5m,时间分辨率大约为 0.5s,此技术尚处在研究阶段,离实际应用还有些距离。

(2)电阻式海流计。该类型仪器是利用海流对电阻丝的降温作用来测流的。其优点是可测瞬时流和低速流,测量准确度高,可以遥测,但当前未见于实际应用。

(3)遮阻涡流海流计。它的工作原理是:将一扁平或圆柱杆置于流场中,必在其后产生海水涡动现象,用声学方法测出涡流的频率,并根据频率与流速成正比、与圆柱杆的直径成反比的关系得出流速值,测量信号传输到记录系统加以记录,如美国 J-TEC 联合公司生产的 CM-1106CD 型涡流计就是一例,其流速测量范围为 10~500cm/%测量准确度为量程的±2%。

上述的各式海流计是目前国内外海流测量仪器的概况。各国在海湾调查中最广泛应用的仍然是各种类型的安德拉海流计和直读式海流计。声学多普勒海流计是目前测弱流的唯一仪器。由于该仪器有卓越的性能,现已日益广泛用于大型海洋调查。电阻式海流计和遮阻式海流计是近几年正在研制的新型仪器,尚处于探索阶段。海流仪器的发展趋势是发展长期自记仪和深层测量仪。

五、海浪观测

海浪观测的主要对象是风浪和涌浪,而风浪和涌浪包含有巨大能量,它能使船舶摇摆颠簸、船速减少,航向偏移,甚至会造成沉船事故,对航海、捕捞和其他海上作业危害很大;风浪和涌浪的冲击,对海岸防护、港口码头、防波堤有很大的破坏作用;风浪和涌浪对泥沙有搬运作用,甚至使海港淤积、航道变浅,影响船只进出港口等。但也有其有益的一面,如海浪会促进海水上下层的混合,使混合后的水层富有氧气,满足海中鱼类和其他动植物的需要;海浪的巨大能量又可能进行波浪发电,成为将来人类的巨大能源之一。由此可见,海浪观测是非常必要和重要意义。

　　海浪观测既要在岸边台站上进行,也要在海上(或船上)实施,岸边台站的海浪观测是为了取得沿岸地带(包括港湾)较有代表性的海浪资料。为此,观测地点应面向开阔海面,避免岛屿、暗礁和沙洲等障碍物的影响。安设浮标处水深应不小于该海区常风浪波长的一半,而且海底尽量平坦并避开潮流过急地区。海上(或船上)的海浪观测所获得的离岸较远的开阔海域的海浪资料,可用于理论研究、风浪预报、船舶航行及捕捞等。

　　海浪观测的主要内容是风浪和涌浪的波面时空分布及其外貌特征,观测项目包括海面状况、波型、波向、波高和周期,并利用上述观测值计算波长、波速、1/10 和 1/3 大波的波高和波级。

　　海浪观测有目测和仪测两种。目测要求观测者具有正确估计波浪尺寸和判断海浪外貌特征的能力,仪测目前可测波高、波向和周期,其他项目仍用目测。波高单位为米(m),周期单位为秒(s),观测数据取至一位小数。

　　海浪观测的时间为:海上连续测站,每3h 观测 1 次(目测只在白天进行,仪测每次记录的时间为 10~20min。使记录的单波个数不得小于 100 个)。观测时间为 2 时,5 时,8 时,11 时,14 时,17 时,20 时,23 时;大面(或断面)的测站,船到站即观测。海滨测站的自记仪观测时间与连续观测的要求相同,目测(包括仪测)的时间为 8 时,11 时,14 时,17 时,观测波浪时,还应同时观测风速、风向和水深。

　　(一)目测海浪

　　目测海浪时,观测员应站在船只迎风面,以离船身 30m(或船长之半)以外的海面作为观测区域(同时还应环视广阔海面)来估计波浪尺寸和判断海浪外貌特征。

　　1. 海面状况观测

　　海面状况(简称海况)是指在风力作用下的海面外貌特征。根据波峰的形状,峰顶的破碎程度和浪花出现的多少,可将海况分为 10 级,如表 3-20 所示。

表 3-20 海况等级

海况等级	海面特征
0	海面光滑如镜,或仅有涌浪存在
1	波纹或涌浪和小波纹同时存在
2	波浪很小,波峰开始破裂,浪花不显白色而仅呈玻璃色
3	波浪不大,但很触目,波峰破裂;其中,有些地方形成白色浪花——俗称白浪
4	波浪具有明显的形状,到处形成白浪
5	出现高大波峰,浪花占了波峰上很大面积,风开始削去波峰的浪花
6	波峰上被风削去的浪花,开始沿着波浪斜面伸长成带状,波峰出现风暴波的长波形状
7	风削去的浪花布满了波浪斜面,有些地方到达波谷,波峰上布满了浪花层
8	稠密的浪花布满了波浪的斜面,海面变成白色,只有波谷某些地方没有浪花
9	整个海面布满了稠密的浪花层,空气中充满了水滴和飞沫,能见度显著降低

目测海况应根据上表确定的级别,并填入记录表,观测时应尽量注意到广大海面,避免局部区域的海况受暗礁,浅滩及强流的影响。

2. 波型观测

有风浪波型和涌浪波型之别,而且波型的记法也有一定要求。

(1)风浪波型。其特点是波型极不规则,背风面较陡,迎风面较平缓,波峰较大,波峰线较短;4~5级风时,波峰翻倒破碎,出现"白浪",波向一般与平均风向一致,有时偏离平均风向20°左右。

(2)涌浪波型。其特点是波型较规则,波高圆滑,波峰线较长,波面平坦,无破碎现象。

(3)波型记法。波型为风浪时记 F,波型为涌浪时记 U,风浪和涌浪同时存在并分别具备原有的外貌特征时,波型分以下三种记法:

①当风浪波高和涌浪波高相差不多时记 FU;

②当风浪波高大于涌浪波高时记 F/U;

③当风浪波高小于涌浪波高时记 U/F。

发现成熟的风浪,很像方向一致的风浪和涌浪叠加,此时应根据风情(风速、风时等)变化,来判断波型(无浪时,波型填"空白")。

3. 波向观测

波向分 16 个方位,如表 3-21 所示。

表 3-21　16 方位与度数换算

方位	度数	方位	度数
N	348.9。—11.20	S	168.9°—191.3°
NNE	11.4°—33.8°	SSW	191.4°—213.8
NE	33.9°—56.3°	SW	213.9°—236.3°
ENE	56.4°—78.8°	WSW	236.4°—258.8°
E	78.9°—101.3°	W	258.9°—281.3°
ESE	101.4°—123.8°	WNW	281.4°—303.8°
SE	123.9°—146.3°	NW	303.8°—326.3°
SSE	146.4°—168.8°	NNW	326.4°—348.8°

测定波向时,观测员站在船只较高的位置。用罗经的方向仪,使其瞄准线平行于离船较远的波峰线。转动 90°后,使其对着波浪的来向,读取罗经刻度盘上的度数,即为波向(用磁罗经测波向时,须经磁差较正)。然后根据上表将度数换算为方位,波向的测量误差不大于±5°,当海面无浪或波向不明时,波向栏记 C,风浪和涌浪同时存在时,波向应分别观测,并记入表中。

4. 周期和平均周期的观测

这两者是有区别的,具体分述如下。

(1)周期的观测。观测员手持秒表,注视随海面浮动的某一标志物(当波长大于船长时,应以船身为标志物)。当一个显著的波的波峰经过此物时,启动秒表;待相邻的波峰再经过此物时,关闭秒表,读取记录时间,即为这个波的周期。

（2）平均周期的观测。观测员手持秒表，当波峰经过海面上的某标志物或固定点时，开始计时，测量 11 个波峰相继经过此物的时间（波长大于船长时，可根据船只随波浪的起伏进行测定）。如此测量三次，然后将三次测量的时间相加，并除以 30，即得平均周期（$\overline{T}$），填入表中，两次测量的时间间隔不得超过 1min。

5. 部分大波波高周期的观测

根据观测所得的平均周期 $\overline{T}$，计算 100 个波浪所需要的时段 $t_o = 100 \times \overline{T}$，然后在时段 t_o 内，目测 15 个显著波（在观测的波系中，较大的发展完好的波浪）的波高及其周期，取其中 10 个较大的波高的平均值。作为 1/10 部分大波波高 $H_{1/10}$ 值，查波级表（如表 3-22 所示）得波级，从 15 个波高纪录中选取一个最大值作为最大波高 H_m。将 $H_{1/10}$、H_m 及波级填入记录表中相应栏内。

表 3-22　波　级

波级	波高范围/m		海浪名称
0	0	0	无浪
1	$H_{\frac{1}{3}} < 0.1$	$H_{\frac{1}{10}} < 0.1$	微浪
2	$0.1 \leq H_{\frac{1}{3}} < 0.5$	$0.1 \leq H_{\frac{1}{10}} < 0.5$	小浪
3	$0.5 \leq H_{\frac{1}{3}} < 1.25$	$0.5 \leq H_{\frac{1}{10}} < 1.5$	轻浪
4	$1.25 \leq H_{\frac{1}{3}} < 2.5$	$1.5 \leq H_{\frac{1}{10}} < 3.0$	中浪
5	$2.5 \leq H_{\frac{1}{3}} < 4$	$3.0 \leq H_{\frac{1}{10}} < 5.0$	大浪
6	$4 \leq H_{\frac{1}{3}} < 6$	$5.0 \leq H_{\frac{1}{10}} < 7.5$	巨浪
7	$6 \leq H_{\frac{1}{3}} < 9$	$7.5 \leq H_{\frac{1}{10}} < 11.5$	狂浪
8	$9 \leq H_{\frac{1}{3}} < 14$	$11.5 \leq H_{\frac{1}{10}} < 18$	狂涛
9	$H_{\frac{1}{3}} > 14$	$H_{\frac{1}{10}} \geq 18$	怒涛

波高也可以利用船身来测定，当波长小于船长时，观测员可将甲板与吃水线间的距离作为参考标尺来测定波高；若波长大于船长时，则应在船只下沉到波谷后，估计前后两个波峰相当于船高的几分之几（或几倍）来确定波高。

6. 波长和波速的计算

将观测到的周期代入 $L_0 = 1.56T^2$，$C_0 = 1.56T$（式中：L_0 为深水波长，m；为深水波速，m/s）中，得深水波的波长和波速（或查"海洋水文常用表"）。

若水深 d 小于 $L_0/2$ 时，则计算的波长、波速必须进行浅水订正，其步骤如下。

（1）根据水深 d 与深水波的波长 L_0 的值（d/L_0）查浅水校正因子表得对应的 $\text{th} \dfrac{2\pi d}{L}$ 值。

（2）依式 $L = \dfrac{gT^2}{2\pi} \text{th} \dfrac{2\pi d}{L}$，$C = \dfrac{gT}{2\pi} \text{th} \dfrac{2\pi d}{L}$（式中：$d$ 为水深，m；g 为重力加速度），计算浅水波长 L 和波速 C。

例如，某测站水深为 20m，测得的海浪周期为 10s，试计算其波长、波速。

首先,依式 $L_0 = 1.56T^2$, $C_0 = 1.56T$ 计算得:

$$L_0 = 1.56(\text{m}), C_0 = 1.56(\text{m/s})$$

然后计算:

$$d/L = 0.13(<1/2)$$

再根据 d/L_0 值,得 th $\dfrac{2\pi d}{L} = 0.7804$ 则:

$$L = 156 \times 0.7804 = 122(\text{m})$$
$$C = 15.6 \times 0.7804 = 12.2(\text{m/s})$$

(二)测波仪器简介

测波仪器种类较多,如光学式测波仪、测波杆、波浪骑士浮标、SZF2-1 型测波仪、船舷测波仪、浮标陈列、水下测波装置、遥感测波仪等。这里着重介绍几种供读者参考。

1. 光学式测波仪

这种仪器主要测定波浪的波高、周期、波向和波长,并且还可以测量海面上物体的距离,浮冰的速度及方向。此种测波仪严格地说仍属目测的范畴,其测量的结果受到观测者主观作用的影响。我国常用的光学式测波仪有国产 HAB-1 型和 HAB-2 型。此种仪器借助随波浪跳动的测波浮标来观测海浪。其结构原理基本相同。HAB-2 型测波仪,如图 3-19 所示。

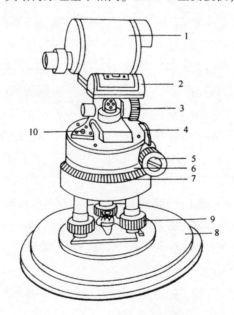

图 3-19　HAB-2 型测波仪示意

1-望远镜;2-管状水准泡;3-俯仰微动手轮;4-解脱手柄;5-方向微动手轮;
6-指标盘;7-水平度盘;8-底座;9-调平螺钉;10-圆形水准泡

2. 测波杆

这是最简单的测波装置。就其设计原理而言,可以有电阻式、电容式等各种不同类型。将一测波杆直立于水中,未受海水浸泡的导线电阻(或电容、电感、高频振荡的调频特性等)将随着海面的起伏而变化,然后通过特定记录仪器记录之,这就是测波杆能够感应波浪高度的最简单的原理。

测波杆的优点是结构简单、分辨率高、对波动响应非常敏感除去用于观测波浪外,还可以用来测量潮汐、风暴潮以及其他的长周期海面波动,只要测量的时间足够长,适当地将模拟曲线离散化,使用特定的滤波函数即可将潮汐和波浪分开。

但测波杆的缺点,主要有下列四个方面。

(1)在大风浪条件下,海水与空气混合的泡沫溅空中,或富集海面,使得海气之间的界面模糊不清,此时易产生较大误差,需要有经验的人从波动曲线中识别出这种误差。

(2)在污浊的海水中也会导致误差。例如,海面布满石油类的薄膜、海藻,测波杆上附着海洋生物、海水的盐晶或冰膜,以及其他脏物黏附在测波杆的触头上,都会大大降低测量精度,所以保持测波杆的清洁,是测量过程中必不可少的一项工作。

(1)由于测波杆必须以岸壁或水中固定建筑物为依托,所以在开阔的洋面上无法使用,这是它最大的局限性。

(2)将测波杆安装于依托物之上时,测波杆要与依托物保持一定的距离,以免依托物影响波浪观测精度。

3. 波浪骑士浮标

在西方国家中,使用最多的测波装置就是"波浪骑士"浮标。它最早是由荷兰 DatawelI BV 实验室研制的,是一种不需要依托而漂浮在海面上的装置,因而可以布防在开阔的海域。记录和感应装置放在海面圆球状密封浮标中,浮体下部连接锚链,锚链末端由搁置在海底上铁锚或沉块系留住。要求锚链和锚块的长度及轻重配置,既能使圆形浮体随波浪自由起伏,又不至于在大浪条件下测波装置随流漂失。记录波浪的基本原理,是因为其中安装有加速度计的缘故。通常的情况下它可以有效地记录高达 30m 的波浪。西欧的无人波浪站多用它进行常规波浪观测。

4. 船舷测波仪

这种装置是由两部分组成:一对加速度计和一对压力换能器,它们分别感应船只左右两舷的海况。加速度计将船只的起伏记录下来,这种起伏相当于波长较长的海浪;而对船体运动并无影响的短波海浪,则由压力换能器记录下来。因此,压力换能器必须安装在船体水线以下的适当位置上,按照设计要求,压力换能器和加速度计都应安装在尽可能接近船体的纵向重心处,以便使船体颠簸的影响减少到可以忽略的程度。与其他类型的测波仪器相比,其优点是价廉耐用,可以在船到之处随时测量大洋的波浪。不过它也有若干局限性,例如它不属于走航仪器,须在船舶停驶或航速不超过 2kn 时使用。虽然用它来测量长波海浪,具有较高的精度,但是由于压力传感器的讯号必须经过深度订正,而这种深度订正是海浪频率的函数,因此,测量短波海浪时。会有一定误差,这种误差将随船只的增大而增大。

5. 遥感测波仪

它是指感应器不直接放置在海上或水下的测波仪器。通常可以把它安置在岸边(如岸用测波雷达),或安置在某种载体上(如飞机、卫星等),也可以安置在水中平台上(如石油平台)。属于这一类的仪器主要有:合成孔径雷达、激光测波仪和卫星高度计等。具体分述如下。

(1)合成孔径雷达。这种雷达或激光测波的工作方式是类似的,可安装在岸边、海上平台或飞机上,当它们发射的天线电波或激光光速到达起伏的海面时,将被反射回去并接收下来。

从而测定海面的波高。在一般情况下,这些装置的测量精度是相当高的。如果海面状况恶劣,测量精度就会受到影响。目前在西方的海洋仪器市场上均有简便易行的便携式装置,可以用于临时设置的波浪站。此外,经过特殊设计的合成孔径雷达或激光装置,均可用来观测潮汐或气象潮。特别是近几年来,在遥感海洋学中,合成孔径雷达的研究工作受到各国的重视,或为一种大面积海浪观测的有效工具之一。有许多技术报告说明,合成孔径雷达还可以用来测量波长和波向,但是所遇到的困难之一是:回波讯号与波浪要素之间的确凿定量关系仍然有待进一步探讨。

(2)卫星高度计。它是最具有特色和潜力的主动式微波雷达系统。当高度计雷达脉冲信号传向海面时,脉冲前沿的反射首先来自波峰的反射。随后脉冲波与海面接触越来越多,来自于海面的反射面积也就越来越大。反射强度逐渐增强,回波信号呈线性增长,此后脉冲沿到达海面,回波信号的强度增加到最大。当海面平静时,脉冲的回波信号在脉冲持续时间内逐渐增强,并达到最大值;当海面为粗糙海况时,脉冲的回波信号达到最大值所持续的时间比平均海况时长很多,波高越高,其回波信号所持续的时间越长。因此,可根据海面反射的脉冲回波前沿的斜率反演海面波高。高度计可以测量海面波高,测量精度达到 0.5m(当 $H_{1/3} > 2.0m$ 时)或 10%(当 $H_{1/3} < 2.0m$ 时)。

目前来看,这些仪器已臻完善。不失为一种前景极为广阔的技术手段。但由定性向定量发展,把它作为一种常规测波手段取代为数众多的波浪站,尚有一段时日可待。

六、潮位观测

水体的自由水面距离固定基面的高度统称为水位。海洋中的水位又称潮位。潮位变化包括在天体引潮力作用下发生的周期性的垂直涨落,以及风、气压、大陆径流等因素所引起的非周期变化,故潮位站观测到的水位是以上各种变化的综合结果。

沿岸潮位变化直接关系到船舶的进出港口、海洋和海岸工程设计、海军的水雷布设深度、风暴潮和潮汐预报、海涂围垦、潮汐发电等方面。因此,潮位观测对确定平均海平面和深度基准面、潮汐表制作、风暴潮预报、海上作战指挥、海底电缆敷设、地震预报等都具有非常重要的意义。潮高观测以厘米为单位,取整数,潮时观测精确到 1min。这里着重介绍利用浮筒式水位计进行水位观测以及其他验潮仪简介,两方面内容,供读者参考。

(一)利用浮筒式水位计进行水位观测

自记水位计的类型很多,按其工作原理可分为:浮筒式水位计、压力式水位计和声学式水位计。目前国外多数采用浮筒式水位计和压力式水位计。而我国多采用浮筒式水位计,而浮筒式水位计的种类也很多,但结构大同小异。下面以我国生产的 HCJI-2 型验潮仪为例,加以介绍。

1. "HCJI-2"型验潮仪的结构和工作原理

这种验潮仪是用于测量潮位的连续自记仪器,也可用于江河、湖泊、水库、地质井等的水位测量。整个仪器由浮动系统和记录装置两个基本部分组成。如图 3-20 所示。

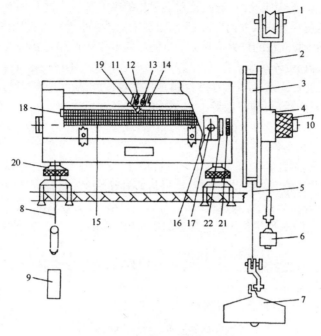

图 3-20　HCJI-2 型验潮仪示意

1-导向轮；2-钢丝绳；3-大绳轮；4-小绳轮；5-浮筒钢丝绳；6-大铅锤；7-浮筒；8-钟钢丝；

9-钟铅锤；10-定位手帽；11-坚固手帽；12-笔架；13-水位微调螺母；14-时间微调螺母；15-记录纸筒；

16-钟表；17-时钟调节孔；18-偏心轴旋钮；19-配重套管；20-地脚螺母；21-束轮；22-钟钢丝轮

浮动系统主要由绳轮、钢丝绳、平衡锤、浮筒等组成。绳轮、钢丝绳连接平衡锤与浮筒，绳轮随浮筒的升降而转动。当浮筒随海面上升时，绳轮带动记录筒作顺时针方向转动；反之，则作逆时针方向转动。平衡锤对浮筒起平衡作用。

记录装置分钟表系统和记录部分，钟表部分由时钟、钟轮、钟钢丝轮、钟钢线、钟重锤等组成。钟钢丝通过导向轮连接钟钢丝轮与钟重锤，以专用扳手给钟轮上弦后，使自记钟带动记录部分的笔架、记录笔，使记录笔尖自右向左均匀移动，24h 之内从右端 8 时移至左端 8 时，在记录纸筒随海面升降而转动的同时，通过记录装置的自记笔自动地画出潮汐曲线。由此，可以从记录纸上读出任一时刻的水位。

"HCJI-2"型验潮仪的测量范围为 0～8m；测量水位最大误差为±16mm，时间记录最大日差为±2min，连续记录时间为 24h。记录纸长 500mm，最小分格 1mm。代表实际水位 2mm。记录纸宽 390mm，最小分格 1mm，代表时间 4min。这种水位计每天都要换记录纸和上自记钟发条。为了减少换记录纸和上发条的次数，现在已研制有月记式的水位仪。

2. 仪器的安装和使用

"HCJI-2"型验潮仪的安装应按以下步骤进行。

(1)仪器应安装在建有测井室内的工作台上，并用螺丝钉将仪器固定在调节脚螺钉上，使仪器保持水平。

(2)上钢丝绳时，将浮筒钢丝绳"5"的一端固定在大绳轮"3"的固定孔内，转动绳轮使钢丝绳"5"沿螺旋槽排好，另一端固定于浮筒"7"，再将另一系有重锤"6"的钢丝绳"2"通过导向轮

"1"固定在小绳轮"4"的固定孔内(导向轮和小绳轮的中心圆应在同一平面内,防止钢丝绳脱槽)。然后,轻轻地将浮筒投入井内,并同时将重锤钢绳排在小绳轮上,以沿螺旋槽为好。

安装时要注意使验潮仪的位置恰当。不要使浮筒或平衡锤相互妨碍或与井壁碰触,仪器室的面板和测井盖板上,各条绳索穿过之处开孔位置要正确。不应使悬索接触孔边以防摩擦;浮筒和平衡悬索长度要适当,过短易使平衡锤顶住井盖,过长易使悬索扭结。

(3)安装好钢丝绳后,可加注记录墨水,先用吸水器将墨水注入墨水盒内,再用洗耳球从笔针端将墨盒中的墨水吸进笔管;如笔尖压力不够(或过大)。可将笔管上的重套管"19"拉近(或远离)笔尖,使记录均匀、清晰。

(4)上记录纸时,将仪器定位手帽"10"向右拉开,使键脱出键槽,并转一角度不使复位。此时,记录筒"15"与绳轮"3"脱节。然后,旋松偏心轴钮"18",将记录纸两宽边沿边线对折。放入记录筒"15"的长槽口内,拧紧螺旋"18",上好记录纸,转动记录筒到相应于标准水尺之水位读数,再转动定位手帽,使定位销插入邻近的销孔内,再由笔架"12"上的水位微调螺母"13"进行水位细调。

(5)时间校准。首先将笔架上的紧固手帽"11"拧松,使笔架与钢丝"8"脱落;将时钟重锤"9"挂在钢丝的吊架上,移动笔架使笔尖指在与标准时刻对应的位置上;拧紧紧固手帽"11",再由笔架上的时间微调螺母"14"进行时间微调,即调到准确时间后,进行正式测量。以后换纸时,时间校准,可用专用扳手使时针拨动束轮"21"将钟钢丝沿钟钢丝轮"22"螺旋槽排好,使笔尖对准相应时刻即可(校准时可用时间微调螺母细调)、如笔架松动,可适当拧紧笔架上的半圆头螺钉。

3. 验潮仪的记录观测

这里由验潮仪的记录观测步骤和验潮仪观测记录整理,两部分组成。

(1)验潮仪的记录观测步骤,可用以下 8 个方面的内容表述。

①验潮仪安装完毕后,将验潮仪记录装置调整到测站基准面上的潮高数进行记录。

②每日 8 时整点读取井内水尺所显示的水位,经测站基面订正后即为潮位;同时,打开仪器盖,用手轮轻轻提浮筒,使自记笔在记录纸潮位坐标的方向上画出一条长约 1cm 的直线记号,然后将浮筒轻轻放回水面。在画出的线段左侧注明时间,右侧注记潮高。

③按前述方法更换记录纸。如正遇平潮时间,可适当延迟换纸,待高低潮完全过后再换纸。由于等潮推迟换纸,则在换下纸时可不再记录潮时和潮高。如换纸时遇高低潮而造成高低潮有疑,其潮时应加括号,换纸时应填写日期及上(下)纸人姓名。

④按前述方法上好自记钟发条。

⑤按井内水尺观读的水位及正确时间,将自动笔调整到新换记录纸上相应位置,并在记录纸上标记潮高和时间数字。

⑥检查自记笔尖墨水是否充足,否则应加注墨水,如果自记笔尖墨水枯干所造成的记录缺测,则可根据其自记笔迹判别出记录曲线,然后按笔迹摘读潮位作为正式记录,并在自记纸上注明情况。

⑦井内外水尺校测时,高、中、低潮位都应进行,当井内外水尺校测读数平均相差 1cm 以上时,应认真全面地进行检查,找出原因,合理订正资料。如经检查井内水尺确无误差、小浮筒无漏水、验潮井进水孔无堵塞、井外水尺零点无变动等,则上述误差一般是因人为读数误差或海面波动所致,其资料不予订正。此情况要在仪器检查报告上说明原因,月报表备注栏的填写

与井内外水位校测一致时的填写一样,若要换井内水尺、浮筒和清洗验潮井等,水位值须用实测值来代替时,只需在自记纸的背面说明,不必在月报表备注栏内说明。

⑧仔细观察仪器,如运转正常,即关好仪器盖,进行潮位记录观测。

潮位观测除了对验潮仪的记录观测进行以上步骤的处理以外,重要的是必须将每日从验潮仪上换下的验潮记录进行整理。

(2)观测记录的整理。必须从检查和修正记录曲线、潮时订正、潮高订正以及高低潮的挑选,四个方面着手,具体是:

①检查和修正记录曲线,要做到下列三点:A. 检查记录曲线的开始时刻和潮位与前天的曲线是否衔接,并检查观测站名、时间、观测人员有无填错或漏填现象。如发现问题,应立即改正。B. 检查记录曲线是否连续光滑。由于自记钟事前未调节好或笔尖暂时被堵塞以及其他原因,记录曲线可能出现中断。若其中断时间间隔不超过3h,可用铅笔按前后曲线趋势并参考前一天曲线情况用铅笔描绘;若其中断处恰在高(低)潮时,作可疑记录处理,其他时间作正式记录;若中断时间超过3h者,皆作缺测处理。C. 因测井消波不好,曲线受波浪影响而造成较宽的带状或在高(低)潮处形成锯齿状、可用铅笔在带状或锯齿状曲线中间位置划一光滑曲线,用此曲线摘读潮位。如受台风或涌引起的潮位滞后现象,使记录曲线上发现有较大且不规律的记录,此种潮位记录可根据不同情况进行处理。

②潮时订正。修匀后记录曲线的时间校核记号如与时间坐标准确一致,那么就根据整小时的时间坐标在曲线上作每整小时的记号。如时间校核记号与时间坐标差值≥1min,则应进行潮时订正。由于验潮仪记录观测是每隔12h校测1次的,所以其记录"潮时订正"的时间间隔为12h,订正值按下列计算:

$$K = \frac{n}{12} \times t_i$$

式中：　K——订正值,快为负、慢为正;

　　　　n——自记钟快(或慢)部分数的绝对值;

　　　　t_i——由校测时间算起的小时数,如第1小时1,第2小时为2……第12小时为12。在日常工作中可查附表3-23订正结果。在自记纸上做出准确时间的整点标记(用铅笔在曲线上作一垂直于时间轴长约1cm的线段)。

表3-23　时间订正

时刻	8	9	10	11	12	13	14	15	16	17	18	19	20
订正值	0	1	1	2	2	3	3	4	4	5	5	6	6

例如:在08点00分笔尖准确地落在08点上,而在20点00分时间,校核记号落在20点06分处,则按上表可查得各时的潮时订正值,即9时的整点标记不是在记录纸时间轴的9时处,而是在9时01分处;16时的整点标记也不是在记录时间轴的16时处,而是在16时04分处;其余依次类推。

③潮高订正。在经过潮时订正后的每整小时标记上读取每整小时的潮位值,写在自记纸下半部适当位置,排成一横行,若校测时的潮位与校核水尺得出的潮位不符,则须进行潮高订正。其订正方法与潮时订正方法相同。订正时,实测潮位大于曲线读数,K值为正;小于曲线读数,K值为负。

④高低潮的挑选。要按下列四种方法进行：A. 高低潮的挑选，直接从经过检查修正后的曲线上进行，如曲线比较规则，可在最高(低)处作一平行于潮高轴的线段，直接读取高(低)潮时的潮高。当曲线上平潮时间较长、潮时决定有困难时，可在接近高(低)潮附近绘一平行于时间轴的弦，再连接涨落潮曲线中点得一弦，取两弦中点延长线与曲线相交之点即为该次高(低)潮潮时。B. 挑选高(低)潮后，应将潮时、潮高填在相应的高(低)潮处，进行订正。如高(低)潮出现于整点，则直接用潮时潮高相应整点的订正值；若高(低)潮出现于非整点，则按其前后两个整点的订正值进行内插订正。再如，高低潮出现在换纸时间，则将前后两张自记纸按时间并在一起，使曲线衔接，读出高(低)潮潮高及潮时，其订正值取出现高(低)潮那一张上的订正值。C. 在混合潮地区或受副振动影响时，曲线出现多于一般规律的跳动现象。当跳过的高度超过 10cm，且时间超过 2h 者应选为高低潮。D. 高(低)潮平潮时，短时间内又复上升或下降时，应读取最高(低)点作为高(低)潮。

4. 验潮系统的一般故障排除和维护保养

为了取得较准确完整的潮位记录资料，必须对验潮仪进行经常性的检查和维护保养，在正常情况下，记录曲线是均匀的、清晰的，但有时由于某种原因潮位记录呈现直线形、阶梯形或呈现不明显、不整齐等现象。引起这种记录曲线不正常的原因一般是由于进水孔被堵塞、测井内结冰、传动机械出现故障、记录笔尖和自记钟不正常等。若记录曲线出现直线形，多数是由于进水孔被堵塞或井内结冰，此时必须定期清洗进水孔或定期回执并在井水表面覆盖 50cm 厚的煤油和矿物油的混合物。又如，记录曲线出现阶梯形，可能是由于传动机械上有污物。对导杆、大绳轮和小绳轮等，必须经常擦拭，记录笔尖也须经常清洗。时钟应根据使用情况定期擦洗上油，一般两年一次。时钟如有误差，可拨动快慢针进行调整。

浮筒式水位计是历史上应用最长久的一种水位计，其特点是感应系统通过机械传动作用于记录系统，具有结构简单、坚固耐用、能满足观测准确度要求、维护费用小等优点，因此它是目前最常用的自记水位计。但这类水位计在安装时必须建造测井，不但使建造费用加大，而且在有些地方也找不到适合于建造测井的地点。因此，一些不需要测井的验潮仪。像水压式水位计、声学式水位计、同位素水位计等日益受到国内各有关单位的重视。

(三)其他验潮仪

这里将简要介绍无井验潮仪，其中安德拉水位计是世界上广泛使用的潮位记录仪。

1. 挪威安德拉公司的水位记录仪

水位记录仪是为记录海洋潮位而特别设计的，通常旋转于海底，在规定时间间隔内，测量并记录压力、温度和盐度(电导率)，然而根据这些数据计算水位的变化。

该仪器由一个高准确度的压力传感器、电子线路板、数据存储单元、电源、圆柱形压力桶组成。仪器测量是由一精密的时钟控制的，它一开始是对压力测量进行 40s 钟时间的积分，这样可以滤除波浪产生的水面起伏，积分完成数据记录下来。第一组数是仪器电子线路板内元件对 WLR 的检测指示，紧跟着的是温度值，再后的两个十进制值的压力，再后面的十进制值是电导率。

数据存储在存储单元(KSU2992)中，同时存入第一次测量的时间和每天零点以后的第一次测量时间的序列。数据同时以声学方式(频率为 16.384kHz)发射，利用水声接收器 3079 可监测声信号。

在外海,水位测量中大气压力变化的影响很小,由于空气压力引起对应的海面升降,在测量中的变化应当补偿。

由安德拉 WLR 得到的原始数据需经特定的转换才能化为工程单位的数据。WLR7 的工作水深有 60m 和 270m,深海型的 WLR8 最大工作水深为 690m 和 4℃90m,它们的准确度为满量程的±0.01%。

WLR 性能稳定,抗干扰能力强,最大记录时间为 91d 和 364d(存储单元、电池型号不同),因而特别适合于采集海洋工程设计所需的短期水位资料。

2. SCA6-1 型声学水位计

SCA6-1 型声学水位仪适用于无验潮井场合的潮位观测,为港口调度、导航及港口建设随时提供现场数据,也可用于沿海台站的常规长期潮位观测及水库、湖泊和内河的水位自动测量。该仪器的特点,是采用声管传输声信号,应用空气声学回声测距原理进行水位变化测量的。它可以显示并打印实时潮时、潮位值和日平均潮位值,并且可以自动判别、打印日高潮、日低潮的潮时及潮位值。通过远距离信号传输技术将数据送至分显示器(有线传输 1.5km,有线载波传输 10km,无线传输视电台功率而定)。

七、海冰观测

我国渤海和黄海北部,因所处纬度较高,每年冬季都有不同程度的结冰现象出现。对于无特大寒潮侵袭的年份,冰情并不严重,对海事活动影响不大。但是在遇到特大寒冷的年份,尤其是寒潮入侵持续时间较长,北方沿海也会发生严重结冰,不但使航道封冰,交通中断,海上作业停顿,甚至能把船舶冻结在海上,所以为预防海冰这一海洋灾害,必须做好海冰观测工作,为北方海港的海上工程、海事活动等提供冰情资料,以便采取有效对策,防患于未然。

(一)海冰类型与观测点选择

我国的海冰,普遍是在寒潮降温后,从河口或沿岸浅水开始结冰的,结冰之后,根据海冰本身各要素的相对动态来分类,一般说可分为固定冰和浮水冰两大类。固定冰是指与海岸、岛屿、海底冻结在一起的冰盖。我国结冰海区所见的固定冰,大多数是与海岸冻结在一起的沿岸冰,在潮汐的影响下,有时会产生升降运动。因此,海冰的形成初始阶段不易形成固定冰。而与固定冰相反,浮在海面随风、浪、流漂移的冰称浮冰。因此,浮冰又有漂浮冰之称。

至于海冰观测点的选择,主要有岸边和海区两个方面。岸边测点应选择那些能观测到大范围的海冰情况的地点为测点。同时要求该测点周围视程内的海冰特征应具有代表性。一般选择海面开阔、海拔高度在 10m 以上的地点为测点。要尽量利用灯塔、瞭望台等高层建筑,以便能观测到航道、港湾锚地、海上建筑物附近的海冰特征;同时,也应考虑观测作业方便、安全等条件。测点选择后,应测定海拔高度和基线方向。而海区测点的布设,原则上测点与测点之间的距离以其视距的两倍为好。此外,还要考虑到岸边常规观测测点的配合,组成观测网,以便达到既有重点又能全面、系统地了解海区冰情概况。

(二)冰量和浮冰密集度观测

冰量,是指能见海域内海冰覆盖的面积占该海域面积的成数。冰量包括总冰量、浮冰量和固定冰量三种。总冰量为所有冰覆盖整个能见海面的成数;浮冰量为浮冰覆盖整个能见海面的成数;固定冰量为固定冰覆盖整个能见海面的成数。而浮冰密集度,是描述浮冰群里冰块与冰块之间紧密程度的一个物理量,即浮冰群中所有冰块总面积占整个浮冰区域面积的成数。

至于冰量的观测与记录是这样的:总冰量(浮冰量、固定冰量)的观测,是将整个能见海面分成十等分,估计十等分中的冰(浮冰、固定冰)所覆盖的成数,用 0~10 和 ⑩,共 12 个数字和符号来表示,习惯上称为"级"。例如,冰量 6 级,则表示冰占能见海面的 60%。记录时,只记整数。海面无冰,记录空白;海面有少量冰,但其量不到海面的 1/20 时记"0";冰占整个能见海面的 1/10 时记"1";占 2/10 时记"2";海面全部被冰覆盖时记"10",若有少量空隙可见海冰,则记 ⑩,其余类推。

浮冰密集度的观测方法与冰量相同。在进行密集度观测时,当浮冰分布海面内有超过此海面 1/10 以上的完整水域,则该水域就不应算做浮冰分布海面。若海面上只有微量(不足能见海面的 1/20)初生冰或只有零散地分布着几块浮冰,则密集度记"0"。

由此可见,冰量(或浮冰密集度)的大小不但与冰的多少有关,还与能见海面的大小有关。对于同一测点不同时间,同一时间不同测点,不能单从其冰量(或浮冰密集度)的数字大小来比较其冰的量值和浮冰密集度,还必须注意其能见海面的大小的变化,而能见海面大小的变化又受海面能见度的影响。当海面能见度差,能见海面的视程就小;若能见海面很小时,冰量(或浮冰密集度)就显得大,这时冰量(或浮冰密集度)也就失真了。所以,当海面能见度小于 4km 时,不应进行冰量观测。

这里所说的冰占的面积,是把所有的冰(包括根据浮冰密集度计算出的冰)集中起来计算的,而不是"散布"的面积。所以冰量(或浮冰密集度)还受冰的远近、外形、光照、反射等因素的影响,观测时应注意排除这些因素所产生的误差。

(三)海冰监测系统

海冰监测系统是指利用各种可能的手段对海冰的分布、类型、生成、发展以及消融等过程进行全天候的监测的综合系统。主要监测手段包括沿岸海洋站海冰观测、破冰船海冰观测、雷达测冰、飞机航空遥测、卫星遥感和各种规模的联合海冰试验,现发展为目测与器测相结合,观测某海岸附近海区尽可能大范围内海冰的种类、数量、表面特征、分布状态、厚度大小、运动变化以及海冰盐度、密度和抗压力资料。20 世纪 60 年代以来,又开始了卫星海冰观测。这些观测是通过可见光照相、微波辐射计、多孔径雷达、红外辐射仪等一起对出现在海面上的海冰的厚度、密集度、冰类型等进行遥测。航空遥测海冰的优点是不受云的影响,分辨率高,所获资料丰富;不足的是飞行频率较低,天气恶劣的情况下不能飞行。而卫星遥感测冰的优点是监测时间长,可同时进行大面积的监测。在我国首次北极科学考察中就采用 NOAA 卫星的红外和 Radarsat 的合成孔径雷达(SAR)遥感监测手段,配以飞机和现场、冰雷达、冰钻进行综合海冰观测调查。

本章内容小结

(1)海洋环境调查是运用特定的技术手段,获取海洋环境资料,并对获得的数据资料进行综合分析,揭示并阐明海洋环境时空分布特征和变化规律的过程。海洋调查内容,有海洋水文观测、海洋气象观测、海洋化学要素调查、海洋声光要素调查、海洋生物调查、海洋地质地球物理调查、海洋生态调查、海底地形地貌调查以及海洋工程地质调查等。海洋调查工作是个完整的体系,包括海洋观测对象、传感器、观测平台、施测方法和数据处理 5 个主要方面。

海洋环境调查是个系统性强的工作,各项任务须严格论证,充分准备,保证调查过程中的连贯性和准确性。海洋调查的基本程序包括以下 6 个阶段:项目委托与合同签订阶段、调查准备阶段、海上作业阶段、样品分析阶段、资料处理与调查报告编写阶段以及调查成果的鉴定与验收阶段。

(2)海洋生物调查的任务,是查清调查海区的生物种类、数量分布和变化规律,为海洋生物资源的合理开发利用、海洋环境保护、国防和海上工程设施和科学研究等提供基本资料。调查内容主要有微生物、浮游生物、底栖生物、游泳生物、污损生物、潮间带生物等,调查方式包括大面观测、断面观测和连续观测。

对游泳生物(如鱼类)调查的技术要求,主要有:①采样(包括定性采样和定量采样);②连续观测时间与次数;③垂直拖网过程(尤其是起网过程)中不得停顿。

对污损生物调查的技术要求,主要有:①通常只对大型污损生物进行调查;②保持试板生物标本完好;③对船舶和其他海上设施进行污损生物调查时,要求代表性强,取样准确;④对大型污损生物调查时必须提供种类、数量、附着期和季节变化;⑤对微型污损生物调查时,要提供主要微型污损生物的种类和数量。

(3)海洋化学调查内容包括常规海洋化学要素调查、海水污染物质调查以及大气化学采样分析等。常规海洋化学要素主要有溶解氧、pH 值、总碱度、活性硅酸盐、活性磷酸盐、亚硝酸盐、铵盐和氯化物等,如溶解氧的调查方法有碘量滴定法和分光光度法。而海水污染物质调查,有石油、化学需氧量、生化需氧量、六六六及 DDT、多氯联苯、重金属等,其他水质监测项目有油类总量、氰化物、硫化物等,如油类总量调查方法是用紫外分光光度法。

海洋化学调查常用的主要仪器,有便携式溶解氧分析仪、分光光度计,以及其他一些仪器如营养盐自动分析仪、原子荧光光谱仪、分光光度计、离子色谱仪、多功能水质监测仪、总氮测定仪等。

(4)声波在海水中的传播性能最好,同时声波是海水中唯一能远距离传播的能量形式。目前水声技术已用来测量海流、海浪、海水悬浮颗粒浓度、海水温度、海底地形地貌地质、海洋生物等环境要素,发挥着越来越重要作用。例如在海洋环境噪声测量中,可以判断噪声来源,监测海洋中特定的船舶运动,对生产、国防都有重要意义,而有关海洋声学的测量仪器主要有SMH 系列标准水听器和 8101 系列水听器等。至于水中目标物的声学探测特别显示在布里渊散射激光雷达水下目标探测技术上。激光雷达在测距、大气遥感、环境监测、航天技术和目标跟踪等领域已展示出广阔的应用前景。常规激光雷达的原理是测量目标反射回波的振幅,而布里渊散射激光探测雷达的原理是通过测量目标散射回波的频移来发现和跟踪目标的。是一种基于调频的测量方法,因而具有体积小、重量轻、灵敏度高、信噪比高和隐蔽性好的优点,近年来已将其应用于海洋盐分分布的遥测研究工作中。

(5)海洋气象观测是服务于海洋气象和海洋水文预报,同时也是海洋科学研究的需要。海洋气象观测内容包括:常规海洋气象观测项目(如能见度观测、云的观测、风的观测、空气温度湿度观测、气压观测以及降水量观测);高空气压、温度、湿度及高空风的探测;大气边界层观测(如风、温、湿梯度观测、海气界面能量观测、辐射观测、天空辐射计);观测仪器分有地面气象观测仪器和高空气象观测仪器。地面气象观测仪器主要有:气温测量仪器、空气湿度测量仪器、气压测量仪器、风向风速测量仪器、降水测量仪器、云和能见度测量仪器、地面自动气象观测系统、海洋气象观测系统。高空气象探测仪器主要有:探空仪、测风雷达和无线电经纬仪、天气雷达以及风廓线仪等。其中我国研制的无线电测风经纬仪是采用单脉冲体制,具有较高的测角准确度,尤其是在低仰角测量方面处于世界领先水平,与数字式电子探空仪配套使用,成为进行高空温度、气压、湿度和风向风速探测的主要设备之一。

(6)海洋水文观测要素一般包括水温、盐度、海流、海浪、潮汐、透明度、水色、海发光和海冰等。水文观测方式,可选择下列中的一种或多种:大面观测、断面观测、连续观测、同步观测以及走航观测。

水温是海洋物理性质中最基本要素之一,如海洋水团的划分,海水不同层次的锋面结构、海流的性质判别等都离不开海水温度这一要素。掌握水温的分布和变化,对巩固国防、推动国民经济发展、提高人民群众生活质量有着重要意义。

盐度是海水最重要的理化特性之一。盐度的分布变化会影响和制约其他水文、化学、生物等要素分布和变化,所以海水盐度的测量是海洋观测的重要内容。

对海水的透明度、水色和海发光的观测,有利于保证海上交通运输的安全,海上作战以及海水养殖等的发展。同时也有助于识别大洋洋流的分布和渔业、盐业的发展都有一定意义。

了解海水流动的规律,可以直接为人民群众生产、生活、国防、海上交通、渔业生产以及海上工程建筑等服务。同时对海洋科学其他领域的研究也有密切关系,如海水内部及海气界面之间热量的父换等均与海流有关。

海浪观测的主要对象是风浪和涌浪,而风浪和涌浪有巨大能量,可使船舶摇摆颠簸,甚至造成沉船事故,但海浪也会促进海水上下层混合,使水层富有氧气,满足鱼类和其他动植物的需要。同时海浪可供海水发电的需要。

沿岸潮位变化直接关系到船舶进出港口、海上工程设计、海军水雷布设、潮汐预报、海涂围垦、潮汐发电、海底电缆敷设、海上作战指挥以及地震预报等都有重要意义。

海冰观测是为预防海冰造成的海洋灾害,以及为北方港口工程建设、海事活动提供冰情资料以及采取有效措施,防患于未然。

第四章 海洋环境监测

海洋环境监测是指"在设计好的时间和空间内,使用统一的、可比的采样和检测手段,获取海洋环境质量要素和陆源性入海物质资料,以阐明其时空分布、变化规律及其与海洋开发利用和保护关系之全过程"。也就是说,用科学的方法检测代表海洋环境质量及其发展变化趋势的各种数据的全过程。

海洋环境监测的涵盖面很广,既包括传统的一些海洋观测,又包括近几十年来所进行的海洋环境质量监测,这里所说的海洋环境监测主要指后者。众所周知,环境监测是随环境科学的形成和发展而出现,在环境分析的基础上发展起来的。海洋环境监测是环境监测的分支和重要组成部分。就其对象和目的而言,海洋环境监测与传统的海洋观测有着本质的不同。海洋环境的对象可分为三大类型:一是造成海洋环境污染和破坏的污染源所排放的各种污染物质或能量;二是海洋环境要素的各种参数和变量;三是由海洋环境污染和破坏所产生的影响。而作为海洋观测来说,其对象为第二类中的海洋自然环境要素部分。就目的而言,海洋观测主要是了解和掌握海洋自然环境的变化规律、趋利避害,为海洋的开发利用服务,而海洋环境监测则是以了解和掌握人类活动对海洋环境的影响为主,保护海洋环境是其主要目的。也就是说,"观测"意指"观察、注意",而"监测"则有"控制、管理"的意思。为此,本章着重介绍:海洋环境监测概述、海洋环境监测状况以及海洋环境监测技术的三节内容。

第一节 海洋环境监测概述

海洋环境监测就是要对海洋环境质量状况,包括环境污染和生态破坏的状况进行全面的调查研究,定量的科学评价。其基本目的是全面、及时、准确地掌握人类活动对海洋环境影响的水平、效应及趋势。最终目的是为了保护海洋环境,维护海洋生态平衡,保障人类健康。为此,这里主要围绕海洋环境监测为中心的几个问题,如海洋环境监测的作用、基本任务、监测分类、监测特点与原则以及海洋环境监测计划的制订与实施等。具体分述如下。

一、海洋环境监测的作用

海洋环境监测是海洋环境保护的"耳目",是海洋环境管理的重要组成部分。海洋环境管理必须依靠海洋环境监测。海洋环境监测的作用、具体表现在以下五大方面。

(一)海洋环境监测是沿海社会经济和海洋生态环境可持续发展的客观要求

据有关资料报道,到 20 世纪末,世界人口的 50% 以上集中在离岸 60km 之内的地区。然而,随着沿海地区人口不断增加、发展布局不合理、淡水资源严重缺乏、食品和矿产资源明显不足等问题日渐明显,使沿海地区的可持续发展面临着严峻考验。要解决上述问题的出路,在于合理规划海洋资源的开发利用,达到海洋经济可持续发展。而通过实施海洋环境监测以及科学研究,掌握海洋环境状况自身的规律,从海洋环境中能持续获取物质、能量、空间、信息,并使海洋开发利用活动与海洋环境的客观规律相适应,实现可持续发展。

我国是一个海洋大国,管辖的海域面积约 300 万平方千米,相当于陆地面积的 1/3,海岸

线总长度约 $3.2×10^4$ km,其中岛屿岸线长 $1.4×10^4$ km,是世界上海岸线最长的国家之一,我国自 1996 年 5 月 15 日正式加入《联合国海洋法公约》以来,开发利用海洋方面的投入在逐年增加。但是,经济迅速发展所带来的陆源污染日益严重,据国家海洋局《2009 年中国海洋环境质量公报》,2009 年我国近岸海域总体污染程度依然较高,未达到清洁标准的海域面积约有 14.7 $×10^4$ km²,生态系统健康状况恶化的趋势仍然没有得到缓解。

海洋环境监测是海洋环境保护的重要组成部分,海洋环境的质量、受污染的程度和污染的趋势等问题,必须通过先进的技术、设备和科学的方法进行监测才能掌握。同时,如何合理开发和利用资源,也必须依靠科学的环境监测数据才能制定出正确的环境决策。因此,搞好海洋环境监测,是海洋环境保护的关键,是海洋生态环境和沿海社会与经济可持续发展的客观要求。

(二)海洋环境监测是海洋环境预测预报、减灾防灾的基础工作

海洋环境监测可以为海洋预测预报提供所需资料,是海洋环境管理工作顺利开展的前提和基础。通过长期、连续、有目的监测,将帮助人们深刻认识和掌握自然灾害的形成和发展规律,并在分析大量资料的基础上,做出高质量的海洋灾害预报。同时,海洋防灾减灾管理、防御对策和措施的制定也需要丰富的海洋环境监测资料为基础。而对于已出现的人为灾害,也需要以海洋环境监测的资料为基础,进行分析、判定并制定防治措施。这就是说,只有对灾害的过程、特点、范围、规模以及强度充分了解,才能制定出有效的防御方案。

(三)海洋环境监测是保护海洋环境、维护人体健康的重要条件

人类在开发利用海洋的同时,必须注意保护和改善海洋环境,而这些又必须以海洋环境监测资料为依据。从微观角度来看,通过对这些资料的分析研究,可使人们对海洋环境健康有更明确和直观的认识。从宏观角度来看,可以掌握海洋环境的变化趋势,来制定环境保护相关的政策、法规、计划和标准。同时,海洋环境监测中的很多项目和应用海洋环境监测结果的领域,对于人们维护自身的健康也具有重要作用。例如,海洋环境监测中的常规监测项目——大肠杆菌,是测量人粪尿入海污染的一个重要指标。该项监测指标已在我国海洋环境监测中应用了二三十年,对保护海洋环境,维护人体健康,起到了相当大的作用,并由此监测指标指导一些直接管理决策,如关闭游泳场、贝类栖息地和改进城市污水排海设施等。

(四)海洋环境监测是海洋资源开发利用的基本需求

在海洋资源开发利用中,为了降低投资、环境健康和资源持续利用等目的,既需要使用资源状况的基础数据,确定开发利用的区域,又需要海洋环境资料,确保开发利用区域的科学、经济和安全。例如,海洋油气资源、海洋水产资源、海洋旅游资源以及围海造田等的开发利用,都要对使用海域的海洋环境条件有深刻的了解,避免盲目、无序的开发利用。同时,通过对海洋环境监测结果的研究,能够增强对海洋生态系统的理解,例如,生物的变异性及人类社会对它们的影响等,在监测到类似方面的信息时,管理人员便可根据环境问题的重要程度,依次重新调整管理措施的轻重缓急,保证海洋资源的合理开发利用。同时,海洋资源不仅包括生物资源、化学资源、矿产资源,还储存着海上的风、波浪、潮汐等潜在的能源。这些海洋能源的开发利用,同样需要准确、连续的海洋环境监测资料为依据,来选择最佳的海洋能源开发场址。总之,海洋环境监测资料无论是对生物资源、非生物资源,还是对动力资源、空间资源的开发利用,都具有非常重要的指导意义。

（五）海洋环境监测是维护国家安全、促进海洋环境管理的重要保障

由于海洋空间的广度远远超过陆地，同时海洋对陆地的制约作用日趋增强。于是海洋所具有的战略地位也就越来越重要。实际上，辽阔的海洋不可避免地存在着许多关于权益、资源和开发利用的争端，为了维护国家管辖海域主权权益，需要国家的力量来确保实现，而这支力量，一是国家的执法管理和军事力量，二是科学技术支持系统。海洋环境监测工作正是科学技术支持系统的重要组成部分。同时，海洋环境监测资料在海洋军事上的应用也是非常广泛的。因为未来海战是空中、水面和水下相结合的立体战争。海洋水文、气象、地质等一系列海洋环境要素的变化，对海上作战、训练和新式武器实验都有重要影响。为了有效防止可能的海上入侵，必须加强海洋环境监测。另外，环境保护的关键在于研究人类与环境之间在进行物质和能量交换活动中所产生的影响，而研究这些活动间的相互关系都是在定性、定量化的基础上进行的，这些定量化的环境信息只有通过环境监测才能得到。同时，海洋环境监测也是检验海洋环境政策效果的标尺，监测资料也是各级政府制定海洋环境政策的基本依据。

二、海洋环境监测的任务

海洋环境监测的基本任务主要是为控制污染总量、制订管理目标、政策、法律、法规以及环境建设、资源开发等提供科学依据，并强调要对海洋环境各要素的经常性监测和系统掌握、评价海洋环境质量状况及发展趋势。具体任务如下。

（1）掌握海洋环境污染的来源及其影响范围、危害和变化趋势，掌握主要污染物的入海量和海域质量状况及中长期变化趋势，判断海洋环境质量是否符合国家标准。

（2）积累海洋环境本底资料，为研究和掌握海洋环境容量，实施环境污染总量控制和目标管理提供依据；为监控可能发生的环境与生态问题，尽早预报提供依据；为研究、验证污染物输移、扩散模式，预测新增污染源和二次污染对海洋的影响和制定环境管理，提供依据。

（3）为制定及执行海洋环境法规、标准及海洋环境规划、污染综合防治对策，提供数据资料以及有针对性地进行海洋权益监测，为边界划分、保护海洋资源、维护海洋健康，提供资料。

（4）为经济建设、环境建设、维护生态平衡、合理开发资源及保护人体健康，开展海洋环境监测技术服务，提供科学依据。

（5）检验海洋环境保护政策与防治措施的区域性效果，反馈宏观管理信息，评价防治措施的效果。对海洋环境中各项要素进行经常性监测，及时、准确、系统地掌握和评价海洋环境质量状况及发展趋势。

三、海洋环境监测的分类

海洋环境监测的分类方法很多，有按手段方式分类的，也有按实施周期长短和目的、性质进行分类的，这主要看实施过程的具体情况而定。

（一）按监测手段和方式来分类

这种分类方式如化学监测、物理监测、生物监测等。

1.化学监测

化学监测是指对海洋生态系统各种组成（水、沉积物、生物）中污染水平进行的测定。

2.物理监测

物理监测是指测定海洋环境中以物理量及其状态进行的测定。

3. 生物监测

生物监测是指利用生物对环境污染的反应信息,如群落、种群变化、畸形变种、受害症候等作为判断海洋环境污染影响手段进行的测定。

(二)按监测实施周期长短和性质来分类

这种分类方式比较典型的如例行监测、临时监测、应急监测、研究性监测等。

1. 例行监测

例行监测又称常规监测,是指在基线调查的基础上,经优化选择若干代表性测站和项目,对测定海域实施长周期的监测。

2. 临时监测

临时监测是指一种短周期的监测工作,其特点是机动性强,与社会服务和环境管理有更直接关系的监测方式,如出于经济或娱乐目的对特定海域提出特殊环境管理要求时,可用临时性监测。

3. 应急监测

应急监测是指在突发性海洋污染损害事件发生后,立即对事发海区的污染物性质和强度、污染作用持续时间、侵害空间范围、资源损害程度等的连续的短周期的观察和测定。

4. 研究性监测

研究性监测是指在弄清楚目标污染物的监测。通过监测弄清污染物从排放源排出至受体的迁移变化趋势和规律。当监测资料表明存在环境问题时,应确定污染物对人体、生物和景观生态的危害程度和性质。

(三)按目的要求或特殊情况来分类

这种分类方式针对性较强,如海洋资源监测、海洋权益监测、海洋要素监测、定点监测等。

1. 海洋资源监测

海洋资源监测是指对包括海洋生物、矿产、旅游、港口交通、动力资源、盐业和化学资源等进行的监测与调查,因为海洋资源包括可再生资源和不可再生资源,必须通过调查、监测才能达到合理开发和利用。

2. 海洋权益监测

海洋权益监测是指为维护国家或地区的海洋权益,在多国或多方共同拥有的海域进行的以保护海洋生态健康和海洋生物资源再生产为目的的维护国家海洋权益的海洋监测。

3. 海洋要素监测

海洋要素监测是指在设计好的时间和空间内,用统一的可对比的采样和监测手段,获取海洋环境质量要素和陆源性入海物质的资料,海洋环境要素监测,包括海洋水文气象要素、生物要素、化学要素、地理要素等的监测。

4. 定点监测

定点监测是指在固定站点进行常年更短周期的观测,其中包括在岸(岛)边设一固定采样点,或在固定站附近小范围海区布设若干采样点两种形式的监测。

5. 专项监测

专项监测是指对某一专门需要的监测,如废弃物倾倒区、资源开发、海岸工程环境评价等进行的监测。

四、海洋环境监测的特点及原则

由于海洋是地球演化尺度的自然客体,所以在与演化痕迹相关的测量技术上就必然有其特点,正因为有这样的特点,海洋环境监测中就必须遵循一定的原则,这是符合逻辑的。

(一)海洋环境监测的特点

准确地说是海洋环境监测技术特点,而且是一门高精度的测量技术特点,这些特点归纳起来有下列两个方面。

1. 海洋监测是一门综合技术

这是由于海洋监测对象的多样性造成的,而且海洋有极广的范围、极大的深度以及温度、盐度的极小差别等客观现象,所以它是一门高精度的测量技术。与这个高精度测量相适应的传感技术的要求都成为这门技术发展的动力。

2. 海洋监测技术是一门集成技术

虽然海洋监测技术发展较晚,但是在 20 世纪后半叶已经走完了从机械测量向自动化、电子化和智能化过渡的全过程,而且由于海洋环境的特殊性,它就综合了图像控制和深潜等高技术,已成为具有自己特色的集成技术。

(二)海洋环境监测的原则

由于海洋环境监测涉及面很广,既有环境监测、资源监测、权益监测,又有常规监测、应急监测、定点监测、专项监测,等等。因此在实施监测时必须遵循轻重缓急、因地制宜、整体设计、分步实施、滚动发展的原则,如突出重点原则、优先监测污染物原则,多功能一体化原则等。

1. 突出重点的原则

如近岸和有争议的海区,是我国海洋监测的重点海域;在近岸区,应突出河口、重要海湾、大中城市、工业近岸海域以及重要的海洋功能区和开发区的监测;在近海区,监测的重点是石油开发区、重要渔场、海洋倾废区和主要的海上运输线附近;在权益监测上,以海域划界有争议的海域为重点。

2. 优先监测污染物的原则

在探明海洋污染物分布、出现频率及含量,确定新污染物名单,研究和发展优先监测污染物的检查方法后,待方法成熟、条件许可时,可列为优先监测污染物,或者具有广泛代表性的项目,可考虑优先监测。

3. 多功能一体化的原则

如以水质监测为主体的控制性监测,以底质监测为主要内容的趋势性监测,以生物监测为骨架的效应监测,以及危害国家海洋权益为主要对象的权益性监测为例,从而形成兼顾多种需求的多功能一体化监测体系。

五、海洋环境监测计划的制订与实施

根据监测的任务,项目负责人必须按照计划的任务,设计监测范围、监测站位、确定监测项目、监测频率和采样层次。监测计划制定应根据《海洋监测规范》的要求,并立足于现实人员条件和仪器设备等,具体工作如下。

(1)海洋环境质量监测要素主要包括以下内容:海洋水文气象基本参数;海水中重要理化参数,营养盐类、有毒有害物质;沉积物中有关理化参数和有害有毒物质;生物体中有关生物学参数和生物残留物及生态学参数;大气理化参数;放射性元素。

(2)站位布设应满足以下基本要求:依据任务目的确定监测范围,以最少数量测站所获取的数据能满足监测目的需要;基线调查站位密,常规监测站位疏,近岸密,远岸疏,发达地区海域密,原始海域疏;尽可能沿用历史测站,适当利用海洋断面调查测站,照顾测站分布的均匀性和与岸边固定站衔接。

(3)各类水域测站站位应遵循以下原则:海洋区域,在海洋水团、水系锋面、重要渔场、养殖场,主要航线、重点风景旅游区、自然保护区、废弃物倾倒区以及环境敏感区等区域设立测站或增加测站密度;海湾区域,在河流入汇处、海湾中部及湾海交汇处,同时参照湾内环境特征及受地形影响的局部环流状况设立测站;河口区域,在河流左右侧地理端点连线以上,河口城镇主要排污口以下,并减少潮流影响处设立测站,如建有闸坝,站位应设在闸上游,若河口有支流汇入站位应设在入汇处下游。

(4)海洋环境监测被批准后,由项目负责人或首席科学家负责制定实施计划,同时做好各项目准备工作,包括专业人员确定、分工,船只安排与业务协调,配制海上作业用试剂,准备和调试海上作业用仪器、器皿、设备、用具等。

(5)海上作业时,应按照《海洋监测规范》的有关要求获取样品和数据资料,并准确做好记录和标识。采集的样品按要求保存,海上作业完成后应及时送实验室分析测试,实验室应按照规范中的相应条款规定的方法和技术要求,在规定时间内完成样品预处理、分析、测试和鉴定工作。海洋环境监测的详细内容与监测方法,参阅国家标准《海洋监测规范》(GBH978—2007)。

第二节　海洋环境监测状况

对于当前全球海洋面临着的海洋污染、渔业资源衰退、海洋生境改变与丧失以及赤潮灾害频发等诸多海洋环境问题,早就引起全世界沿岸国家的重视,特别是欧美发达国家对海洋环境监测管理受到空前的重视。而我国海洋环境问题自 20 世纪 50 年代就开始萌发,进入 60 年代污染明显加重,使资源受损、生态恶化,危及人体健康。在这一大的背景下,我国海洋环境监测工作从 1958 年开始并逐步发展起来,为此,有必要将当前国内外有关海洋环境监测状况作一简介。

一、我国海洋环境监测现状

我国海洋环境监测工作是由 1958 年开始的全国海洋大普查带动建立并逐步发展起来的。可以说我国的这项工作是从无到有,从薄弱到相对完善,取得了较快发展。回顾这五六十年来的建设和发展历程,基本上可分为初始阶段(1958—1972 年)、起步阶段(1972—1983 年)、发展阶段(1983—1999 年)和健全阶段(1999 年至今)的几个时期。

(一)初始阶段(1958—1972 年)

1958 年 9 月至 1972 年 12 月,在国家科委海洋组的统一协调下,全国 60 多个单位联合开展了第一次大规模的全国近海海洋综合普查,派出船只30余艘,获得14000多个站次的资料,掌握了当时我国海洋环境的基本状况,建立了国家海洋基本数据和图集。

根据海洋发展的需求,1964年7月我国成立了国家海洋局,并逐步组建了国家海洋局北海分局、国家海洋局东海分局、国家海洋局南海分局,分别负责北海区(渤海、黄海北部)、东海区和南海区的海洋行政管理和海洋环境保护、海域使用管理、海洋环境监测和预报等工作,随之建立了一系列海洋工作站、海洋监测站和海洋研究机构,形成了海洋监测的基本队伍。在这一时期我国进行了渤黄海、东海、南海污染的综合调查以及松花江的污染调查等工作。

(二)起步阶段(1972—1983年)

1972年是我国环境保护的开创之年,我国政府派代表团参加了斯德哥尔摩人类环境大会,揭开了我国环境保护的序幕。自1973年第一次全国环境保护工作会议以后,海洋环境污染监测工作逐步走向正轨。1974年1月30日《中华人民共和国防止沿海水域污染暂行规定》正式颁布。1974年后我国开始了经常性的全国近岸海洋环境污染的调查工作。1982年8月29日第五届全国人民代表大会常务委员会第二十四次会议通过了《中华人民共和国海洋环境保护法》(以下简称《海洋环境保护法》),该法自1983年3月1日起施行。这是我国保护海洋环境的专门法律。其中规定:国家海洋管理部门负责组织海洋环境的调查、监测、监视,开展海洋科学研究,中华人民共和国港务监督负责船舶排污的监督和调查处理以及港区水域的监视;国家渔政渔港监督管理机构负责渔港船舶排污的监督和渔业水域的监视;军队环境保护部门负责军用船舶排污的监督和军港水域的监视。这项工作的管理体制,对确保海洋环境保护法律的实施及有效保护海洋环境发挥了重要作用,体现了我国海洋环境保护走上了以污染控制为主的轨道,海洋环境污染监测开始成为海洋污染控制的主要目标。在此期间,沿海省(市、区)的保护机构也开始根据各自的设想和近期需求,从事一些常规的监测项目这标志着我国海洋环境污染调查监测工作开始走上规范化道路。

(三)发展阶段(1983—1999年)

在这一阶段中,我国的海洋环境监测在网络发展、系统建设、业务管理能力和技术水平等方面都有了长足的进步,海洋环境监测管理及制度建设也进入了一个新的发展阶段。在此期间,为了适应海洋环境保护工作的需求,国家海洋局逐步健全了海洋监测管理机构和业务机构,先后成立了渤海环境监测中心、黄海环境监测中心、东海环境监测中心和南海环境监测中心,初步形成了业务化的海洋环境监测体系。

1983年《海洋环境保护法》正式实施以后,国家海洋局便组建了中国海洋环境监测船队。为适应海洋环境监测需要,国家海洋局于1987年组建了中国航空遥感监测大队,一个由全海网各成员单位、海监船舶和海监飞机组成的陆、海、空立体化海洋环境监测网络已基本形成。

全国海洋网共有成员单位100余个,分属国家海洋局、国家环境保护部、交通运输部、农业部、水利部、中国海洋石油总公司、海军等部门,是一个跨地区、跨部门、多行业、多单位的全国性海洋环境监测业务协作组织。其任务是:对我国所辖海域的入海污染源进行长期监测;掌握污染状况和变化趋势;为海洋环境管理、经济建设和科学研究提供基础资料。全海网实行二级管理,一级网为全海网,二级网为海区海洋环境监测网。

在这一时期的海洋环境监测制度建设主要有:1985年颁布《海洋倾废管理条例》,此后又陆续颁布了《中华人民共和国防止船舶污染海域管理条例》、《中华人民共和国防止陆源污染物污染损害海洋环境管理条例》和《中华人民共和国防止海岸工程建设项目污染损害海洋环境管理条例》以及 10 余项部门规章和标准。这一系列的管理规定和颁布,标志着我国海洋环境监测管理制度和管理法规体系的初步形成。1996 年我国政府颁布了《中国海洋 21 世纪议程》,提出了中国海洋事业可持续发展战略。特别是 1998 年中华人民共和国国家标准《海洋监测规范》(GBH378—1998)公布并于 1999 年实施,对我国海洋环境质量要素调查监测进行了规定,为我国海洋监测工作正规化、规范化发展提供了一个机遇。

(四)健全阶段(1999 年至今)

1999 年国家海洋局召开的"海洋环境监测工作会议"提出了"一个落实,二个突破,三个加强和四个提高"的要求,标志着我国海洋监测工作进入了一个快速、健康发展的新时期。与此同时,在国家计委批准的"中国海洋环境监测系统建设项目"的带动下,我国海洋监测业务机构进一步完善。同时,为了满足海洋经济发展的需要和社会公众对海洋环境保护的需求,国家海洋局在借鉴吸收国外发达国家的海洋环境监测先进经验和先进方法的基础上,从 2002 年起对实施多年的《全国海洋环境监测工作方案》进行分步调整,使过去传统的以污染防治为主的监测内容,逐步调整为污染防治与海洋生态环境保护并重的监测内容,同时组织制定了一系列与现行监测方案配套的监测技术方法与评价标准。

随着沿海地区经济的迅速发展,海洋环境保护和减灾工作面临的形势越来越严峻,赤潮等海洋灾害日益增多。为了保护和保全海洋环境,国家制定了《全国海洋环境"九五"(1996—2000 年)计划和 2010 年长远规划》,指出要加强海洋污染调查、海洋环境监测管理、进一步完善监测网,逐步建立排污收费制度,同时重新修订了《中华人民共和国海洋环境保护法》等。目前,我国海洋环境监测管理机构体系已经全面建立,并在按照相应的程序和方式正常运行。

二、发达国家海洋环境的监测及其特点

全球海洋环境,特别是海岸带环境的持续恶化引起了各沿海国家的关注,对海洋环境的监测管理受到了空前的重视。这里着重介绍国外海洋环境监测简况及特点。

(一)国外海洋环境监测简况

主要有国际组织和区域性组织发起的环境污染监测,前者是在联合国系统内负责组织和协调全球海洋污染监测与研究的国际机构,后者如地中海和波罗的海的环境污染监测。而发达国家的海洋环境监测,如美国、日本及欧洲一些国家的海洋环境监测。

1. 美国的海洋环境污染监测

美国涉及海洋环境污染监测的机构很多,其中主要有:环境保护局(EPA)、国家海洋与大气管理局(NOAA)、卫生与公众服务部(DHHS)、内政部(DOI)、国防部(DOD)、国家航空和宇宙航行局(NASA)、能源部(DOE)、核管理委员会(NRC)、全国科学基金会(NSF)、海洋污染研究发展和监测机构间委员会(COPRDM)以及农业部、运输部、全国海洋污染监测网等,具体情况如下。

(1)环境保护局:从事海洋废物排放、近岸油气开发、水质恶化及毒性物质和其他污染物影响所引起的污染问题的研究,在海洋污染常规监测中起主要作用。它在全国设有包括海洋在内的水质监测系统,全面掌握水质状况。

(2)国家海洋与大气管理局:隶属商务部,开展海洋污染研究和监测工作,实施近岸水域监测规划,并对重要商业鱼类所含某些污染物进行监测,它被指定为组织协调和执行全国海洋

污染研究、发展和监测计划的领导机构。

（3）全国海洋污染监测网：根据 COPRDM 的建议，美国组建了全国海洋污染监测网，由划分明确的区域监测网组成，并建立了区域工作组，它们分别如下。

东北：纽约斯托尼布鲁克；

西北：加利福尼亚州的萨迪纳；

西部湾：路易斯安那州新奥尔良；

西北：华盛顿西雅图；

东南：佐治亚州亚特兰大；

大湖区：密歇根州安阿伯。

在每一个监测区以一个部门或组织为中心负责机构，其主要任务是协调海洋监测规划并在区域内交流有关海洋污染监测的情报和资料。

2. 日本的海洋环境污染监测

根据日本有关法律的规定，日本总理府的环境厅、运输省的海上保安厅和气象厅、农林省的水产厅及各都道府县都结合各自的需要和从自身有关业务出发，进行海上环境污染监测。

（1）海上保安厅。负责日本近海海水与底质的污染监测，特别重视对油污染事件的监测。在海上保安厅本部设立有海上保安试验中心，在海上保安厅水路部成立海洋污染调查室，并在下属管区成立了公害监测中心。这样它就形成了开展海洋污染监测的组织系统。

海上保安厅主要是用巡逻船、飞机和小型直升机从事污染监测，同时还实行了监测员制度，组成海洋污染监测网。其监测范围，在太平洋一侧为 200 海里以内，在日本海和黄海一侧以海区中线为界。监测断面基本与黑潮、亲潮和对马暖流相垂直，共设 70 个采样点。此外，为了掌握一些主要的内海、内湾污染物质的向海外扩散，在东京湾、骏河湾、伊势湾、大阪湾、丰后水道、鹿儿岛湾、濑户内海等地共设 53 个采样点，以上测点每年监测两次，监测项目为油类、多氯联苯等。另外，海上保安厅还对海水中人工放射性物质的分布及变化规律进行监测，同时对计划投弃放射性固体废物的预定海域实施环境调查。

（2）环境厅。负责全国的环境治理、计划制定、经费分配、法令执行等职能。在海洋环境监测方面，主要负责内湾的污染监测。环境厅委托各都道府县共负责 200 个内湾的水质污染监测和调查。

根据国家的统一环境标准，海域分 A、B、C 三种类型，究竟哪些海域适应哪一类型还需要具体指定。为了指定海域适应国家环境标准的类型和制定具体的环境标准，各都道府县必须经常地监测所指定海域的水质污染状况。其监测项目，主要为 pH、溶解氧、化学需氧量、大肠菌群、N-正己烷萃取物、氰化物、甲基汞、有机磷、六价铬、砷、总汞、多氯联苯等，监测频率每月 1 次。

具体执行时，都道府县长官每年与国家的地方行政机关协商，制定一个包括监测水域、监测站位、监测项目和方法的计划，然后由国家和地方公共团体按计划实施。各实施单位将测定结果全部报送监测水域所属的都道府县长官，都道府县长官作为一种义务将测定结果发表，国家则将都道府县的报告在全国发表。

（3）气象厅。日本气象厅设有几条有代表性的监测断面，监测和研究日本近海和西太平洋海域的污染状况。气象厅在西太平洋的污染监测具有本底调查的性质，是世界气象组织太平洋污染监测系统的一部分。而日本周围海域的断面每年监测 4 次，西太平洋断面每年监测

2 次,监测项目除了水温、盐度、海流、潮汐之外,还有溶解氧、化学需氧量、pH、无机磷、总磷、亚硝酸盐—氮、硝酸盐—氮、铵—氮、叶绿素、浮游生物、重金属、石油等。

(二)发达国家海洋环境监测的特点

欧美等发达国家和海洋环境保护组织和海洋环境监测与评价方面进行了长期的探索和研究,对于当前全球海洋所面临的海洋污染、渔业资源衰退、海洋生境改变与丧失、外来物种入侵和赤潮灾害频发等诸多环境问题,都积累了丰富经验,发布了一系列较为先进的管理政策、科学理论和监测技术方案,并成功应用于海洋环境保护的实践中。现归纳起来主要有以下 6 个方面的特点。

1. 重视海洋环境监测与评价方法体系的完善与统一

欧盟和奥斯陆—巴黎公约(OSPAR)在实施海洋环境监测与评价项目的同时,首先推出了一系列完整的监测与评价技术指南,并在实际工作中不断修订和完善。同时,对于地理区域上有交叠的 OSPAR 和欧盟的一些所开展的海洋环境和评价工作,也非常重视不同计划间技术方法的协调一致,既提高了监测与评价项目的运行效率和数据的使用效率,又避免了重复工作。

2. 重视水体的富营养化评价—

1972 年斯德哥尔摩会议时,近岸水体的富营养化尚未成为全球关注的主要环境问题。自 20 世纪 70 年代末以来,由于生活污水排放量和农业化肥施用量的激增,富营养化已成为全球性的环境焦点问题。因此,就目前的海洋环境监测而言,各个国家和地区海洋水体监测重点均置于富营养化及相关的问题上。另外,目前富营养化评价方法已超越了第一代简单的富营养化指数求算,而进入了第二代的以及富营养化症状为基础的多参数评价方法体系。

3. 重视海洋环境生态状况的监测和综合评价

在海洋生态系统退化问题日益严峻的形势下,各沿海国及海洋环境保护组织均将海洋环境监测和评价的重心自污染监测向生态监测转移,按生态功能划分监测区域,以更加明确水质保护目标。同时,在全国河口状况评价项目中采用系统化的指标,通过未受人类活动干扰的对照环境条件的比较,对河口的综合生态状况偏离原始状态的程度进行了综合的评估,但目前国际上的生态监测和评价方法尚不成熟。确定科学的生态健康状况的评价指标和评价阈值,建立适宜的综合评价方法体系,是困扰从事该领域工作的生态学家和海洋环境学家的最大难题。

4. 重视污染源的监测

海洋污染源除了点源外,还有农业灌溉水排放、城市径流和污染物的大气沉降等非点源,入海污染源数量庞大且分散,管理难度大,不确定性也较大。因此,各国在加强点源排放监测的基础上,制定了非点源污染源污染整治行动计划,采取全流域水质保护的综合管理模式,以满足滨海地区点源和非点源污染治理的需要。为了降低营养盐的向海输入,美国最新版的海洋政策要求沿海各州制定并强制执行营养盐水质标准,减轻非点源污染,实施以污染物最大总量为指标的点污染源和非点污染源排放减少计划。OSPAR 的"联合评价与监测项目"对于点源和非点源污染的监测与评价均提出了详细的技术要求,并根据污染源的类型分别开展了河流和直排口监测以及大气综合监测。

5. 强调海洋环境监测和评价的区域特征

海洋环境具有明显的区域特征,因而在监测和评价时不能一刀切,要根据各个不同评价水域的水动力学、生物和化学等背景状况,划分适宜的评价单元,并选择评价指标和评价标准。

6.强调海洋环境监测和评价的公众服务功能

以海洋环境是否能满足人类使用、利用海洋资源的需求为目的的监测和评价项目。为加强对人类活动管理提供科学依据和决策支持,切实将海洋环境监测和评价工作与保护海洋环境免受人类活动影响的管理工作紧密结合。

第三节　海洋环境监测技术

本节着重介绍监测船性能与设备的要求、海洋大气样品的采集与测试、海水样品的采集与测试、海洋沉积物样品的采集与测试、海洋生物样品的采集与测试、监测数据处理以及监测报告和成果归档,共七方面内容。

一、监测船性能与设备的要求

监测船性能与设备直接关系到各项样品的采集和测试的准确度。监测船性能要求,包括船舶吨位、抗风浪性能、甲板机械实验室等的性能要求;设备要求包括采样设备、监测仪器设备等的要求,具体分述如下。

(一)监测船性能要求

对于在河口、近岸浅水区作业的监测船,排水量一般为 100~150t,吃水深度 0.5m,航速 12kn 左右,并有抗搁浅性能。对于在中近海水域作业的监测船,排水量一般为 600~2000t,吃水深度 25m,航速 14~16kn。

对船体结构和有关装置的要求总体说,船体结构要牢固,抗风浪性要强,受风压面要小,续航力不少于两个月,装有侧推和可变螺距和减摇装置。需有适应海洋监测用的甲板及机械设备,有观测、采样和样品存储的空间以及检测、处理各种要素用的实验室、计算机室和导航通信系统;对于专用的监测船,还必须设有可控排污装置,对兼用监测船,亦需改装排污系统,以便减少船舶自身对采集样品的污染影响。

(二)采样设施的要求

设有水文、水样采集、沉积物采样和浮游生物采样绞车和生物吊杆,采样绞车处应装有保护栏杆的突出活动操作平台。对于监测仪器,要求在出航前对各种仪器设备进行全面检查和调试,并将情况填入"海上资料仪器设备检查记录表"。使用仪器设备,必须是经国家法定标准计量机构计量认证,批准生产或经过鉴定合格的产品,国外引进的仪器设备,必须经过验收,确认符合仪器标明质量参数方可使用,同时必须定期经国家法定标准计量机构检定。

对于专用监测舶实验室的要求:实验室位置适中,摇摆度最小处,并靠近采样操作场所;有独立的淡水供应系统,排水槽及管道需耐酸碱腐蚀;实验桌面耐酸碱,并设有固定各种仪器的支架、栏杆、夹套等装置;配备有样品冷藏装置、防火器材及急救药品箱。

二、海洋大气样品的采集与测试

海洋大气污染调查采集的目的,是为了了解和掌握海洋上空有害物质的分布和迁移的规律,跟踪污染源和评价污染物入海通量,为海洋环境保护和管理提供资料和科学依据。这里着重在样品的采集与处理、测定项目与方法两方面内容。

(一)样品的采集与处理

包括采样站的要求、采样类型、样品保存、样品处理以及注意事项,其中以采样类型为重点。

1. 采样站的要求

首先要考虑站位选择要有代表性,即代表所采样的大气环境;采样高度要求当地尘灰和浪花达不到采样器所安放的位置;船上采样应安装有采样架,架子高度以避开船甲板环境污染为宜,保持风速风向传感装置自动控制抽气泵的正常运转,避开船上烟尘的污染。

2. 采样类型

有气体样品采集、颗粒样品采集和雨水样品采集之分。气体采样方法有溶液吸收法和固体吸附法。前者是由抽气泵系统和吸收管组成。后者是利用某些固态物质对被测气体的吸附特性采集样品,而后利用物理或化学方法解吸。这种方法选择性强,便于样品保存和传递。

颗粒样品采集。这种采集器有两类,即过滤式和撞击式,这两种采集系统都由采样头、流量计、调压器和抽气泵四部分组成。而滤膜通常采用玻纤滤纸、定量滤纸和醋酸纤维滤膜。根据被测物质的不同性质和含量而采用不同的滤膜类型,如定量滤膜主要用于硫的分析,定量滤纸可用于重金属分析,玻纤滤纸可用于有机物的测定。

雨水样品采集。主要用于降雨量测定和雨水中被监测物质含量的测定。近海雨水收集可使用聚乙烯、玻璃或不锈钢制成的容器,安放在离地 $1 \sim 3m$ 高度。船上收集时,收集器应放在甲板迎风处,并避免浪花溅入和烟灰沾污。常用的雨水收集器有容积雨水收集器和湿式雨水收集器。大容积雨水收集器,一般是敞开式的,优点是简便、可靠、不需要电源驱动,而湿式雨水收集器只有在下雨时才使用,如目前常用的雨滴传感自动雨水采样器,其优点可以把每次降雨分成不同时间间隔的样品。

3. 样品保存

对于气体样品的保存,如果采集后的气体样品不能当天分析,则应放在冰箱内保存,在采样、运输和储存过程中,应避免阳光直接照射;对于颗粒样品的保存,如果截留在滤膜上的颗粒样品,保存时应把滤膜对折,注意让滤膜上的颗粒截留面朝内,然后把滤膜放进预先清洗干净的塑料袋,再放入冰箱内保存;对于雨水样品的保存,如果用于无机离子分析的雨水样品,当 pH 值在 3.5~4.5 之间,在 4℃温度下,可保存 8 个月,但氯化物和磷酸盐的含量可能会变化。而 pH 值大于 5 时,由于生物活动可能会使组成改变,一般采样延续时间不超过 1 周。

4. 样品处理

要求在干净的环境中进行;分取滤膜时必须剪取滤膜有效暴露部分;处理有机物样品的器具和容器要求用玻璃、铝或不锈钢材料的制品;处理微量金属元素样品时,其器具如镊子、垫板、移液管头等要求采用聚乙烯材料制品。

5. 注意事项

在收集和处理气体、颗粒、雨水样品采样设备,尤其是大洋空气采集时,必须特别注意周围环境,操作人员本身的手、头发、衣服等可能引起的沾污问题。同时,为了以后的数据分析,采样时应同时收集温度、湿度、风向、风速、气压等资料以及天气形势图。

(二)测定项目与方法

海洋大气测定项目和方法列于表4-1,具体测试分析详见《海洋监测规范》HY/T003.7—91。

表4-1　海洋大气测定项目和方法

项目	方法	检测下限
汞	冷原子吸收光度法	$6.0mm/m^3$
铅	无火焰原子吸收分光/光度法	$2.1mm/m^3$
/N/N/N	气相色谱法	$0.0053mm/m^3$
滴滴涕	气相色谱法	$0.038mm/m^3$
总悬浮微粒	重量法	$0.3mm$

三、海水样品的采集与测试

海水样品的采集与测试,着重介绍:采样、水样的保存与预处理以及测定项目和方法三个方面的内容。

(一)采样

内容由样品分类、采样方式和采样器、采样时空频率的优化、采样站位的布设组成。

1. 样品分类

有瞬时样品、连续样品、混合样品和综合水样之分。

瞬时样品,是指不连续的样品,无论在水表层或在规定的深度和底层,一般均用手工采集,在某些情况下也可用自动方法采集。考察一定范围海域可能存在的污染或者调查监测其污染程度,别特是在较大范围采样,均应采集瞬时样品。对于某些待测项目,如溶解氧、硫化氢等溶解气体的待测水样,应采集瞬时样品。

连续样品,通常包括在固定时间间隔下采集定时样品及在固定的流量间隔下采取定时样品。采集连续样品常用在直接入海排污口等特殊情况下,以揭示利用瞬时样品观察不到的变化。

混合样品,是指在同一个采样点上以流量、时间、体积为基础的若干份单独样品的混合,用于提供组分的平均数据。若水样中待测成分在采集和贮存过程中变化明显,则不能使用混合水样,要单独采集并保存。

综合水样,即把从不同采样点同时采集的水样进行混合而得到的水样(时间不是完全相同,而是尽可能接近)。

2. 采样方式和采样器

海水水质样品的采集,分为采水器采样和泵吸式采样。海水采样器的采样方式通常有开—闭式采样,闭—开—闭式采样,前者是将采样器开口降到预定深度后,由水面上给一信号使之关闭。这是常用的方式。后者是将采样器以密闭状态进入海水,达到预定深度后打开,充满水样后即关闭,如表层油样采样器等。而泵吸式采样是将塑料管放至预定深度后,用泵抽吸采集样品。此外,采集表层水样时,还可用塑料水桶来采集。

无论使用何种采水器采集水样,均应防止采水器对水样的沾污,如采集重金属污染样品时,应避免使用金属采样器采样,在采样前应对采样器进行清洁处理等。

从采水器中取出样品进行分装时,一般按易发生变化的先分装的原则,先分装测定溶解气体的样品,如溶解氧、硫化物、pH值等,再分装受生物活动影响大的样品,如营养盐类等,最后分装重金属样品。

3. 采样时空频率的优化

采样位置的确定及时空频率的选择,首先应在对大量历史数据客观分析的基础上,对调查监测海域进行特征区划。特征区划的关键在于各站点历史数据的中心趋势及特征区划标准的确定。根据污染物在较大面积海域分布不均匀性和局部海域相对均匀性的时空特征,运用均质分析法、模糊集合聚类分析法等,将监测海域划分为污染区、过渡区及对照区。

4. 采样站位的布设

这里有采样布设的原则和采样层次之分。采样布设的原则,即监测站位和监测断面的布设应根据监测计划确定的监测目的,结合水域类型、水文、气象、环境等自然特征及污染源分布,综合诸因素提出优化布点方案。在研究和论证的基础上确定。采样的主要站点应合理地布设在环境质量发生明显变化或有重要功能用途的海域,如近岸河口区域重大污染源附近。在海域的初期污染调查过程中,可以进行网格式布点。影响站点布设的因素很多,所以要遵循以下原则:①能够提供有代表性信息;②站点周围的环境地理条件;③动力场状况(潮流场和风场);④社会经济特征及区域性污染源的影响;⑤站点周围的航行安全程度;⑥经济效益分析;⑦尽量考虑站点在地理分布上的均匀性,并尽量避开特征区划的系统边界;⑧根据水文特征、水体功能、水环境自净能力等因素的差异性,来考虑监测站点的布设;⑨监测断面的布设应遵循近岸较密、远岸较疏,重点区(如主要河口、排污口、渔场或养殖场、风景、游览区、港口码头等)较密,对照区较疏的原则。至于采样层次,见表4-2所示。

表4-2　采样层次

水深范围/m	标准层次	底层与相邻标准层最小距离/m
<10	表层	
10~25	表层、底层	
25~50	表层、10m、底层	
50~100	表层、10m、50m、底层	5
>100	表层、10m、50m、以下水层酌情加层、底层	10

注:①表层系指海面以下0.1~1.0m;②底层,对河口及港湾海域最好取离底2m的水层,深海或大风浪时可酌情增大离底层的距离。

(二)水样的保存与预处理

着重介绍海水样品的过滤、样品容器的材质选择和洗涤以及样品保存的要求与方法。

1. 海水样品的过滤

根据各个监测项目的要求不同,有的是测定总量,有的是测定溶解态含量,有的是测定颗粒态中的含量,测定溶解态或颗粒态中含量的,需要将样品进行过滤。过滤时使用的滤膜孔径为 0.45μm 的微孔滤膜。凡能通过滤膜的称为"溶解态",被滤膜载留的部分称为"颗粒态"。在过滤前,滤器应先清洁(用 HNO₃ 浸泡,然后用蒸馏水或去离子水清洗,再用待过滤水样冲洗数次),以防滤器对过滤水样中待测物质的吸附和沾污。

2. 样品容器的材质选择和洗涤

贮存水质样品的容器材质的选择应按以下原则进行:①容器材质对水样的沾污程度应最小;②便于清洗和容器器壁进行处理,使之对重金属、放射性核素及其他成分的吸附能力最低;③容器的材质具有化学和生物方面的惰性,使样品与容器之间的作用保持在最低水平。此外,还应考虑抗破裂性能,运输是否方便,重复使用的可能性以及价格等。

大多数含无机成分的样品,多采用聚乙烯、聚四氟乙烯等材质制成的容器,如常用的高密度聚乙烯,适用于水中硅酸盐、钠盐、总碱度、氯化物、电导率、pH 等分析样品的贮存,对光敏物质多使用吸光玻璃材质;有机化合物和生物品种常储存在玻璃材质容器中。

为了最大限度地避免样品受到沾污,容器必须彻底洗涤(特别是新容器),使用的洗涤剂种类取决于盛装的水样中待测物质的性质。对于一般性用途,可用自来水和洗涤剂清洗尘埃和包装物质后,用铬酸和硫酸洗涤液浸泡,再用蒸馏水淋洗。对于聚乙烯容器,先用 1mol/L 的盐酸清洗,对某些项目如生化分析水样盛装用的容器,还需用硝酸浸泡,然后用蒸馏水淋洗。如待测定的有机成分需萃取的,也可用萃取剂处理盛装容器。对于具塞玻璃瓶,在磨口部位常有溶出吸附现象。聚乙烯瓶易吸附油分、重金属、沉淀物以及有机物,在清洗时要特别注意。

3. 水样保存的基本要求与保存方法

水样存放过程中,由于吸附、沉淀、氧化还原、微生物作用等物理、化学和生物作用,样品的成分就可能发生变化。如金属离子可能被玻璃器壁吸附;硫化物、亚硫酸盐、亚铁和氰化物等可能逐渐被氧化而损失,六价铬可还原为三价铬;硝酸盐、亚硝酸盐和酚等由于生物作用而易起变化。因此,采样和分析时间间隔越短,分析结果越可靠。某些项目,特别是海水物理性质的测定,要在现场立即进行,以免样品输送过程中发生变化。对于不能及时测定的样品,需采取一定的保护措施,以尽量减小样品在贮存、运输过程中的变化。但至今还没有一个理想的保存方法能完全制止水样理化性质的变化,对于保存方法的基本要求只能尽量做到:①减缓水样的生化作用;②减缓化合物或铬化物的水解及氧化还原作用;③减少组分的挥发损失;④避免沉淀或结晶析出所引起的组分变化。

目前常用的水样保存方法有:①冷藏法。即水样在 4℃ 左右保存,最好放置暗处或冰箱中,这样可以抑制生物的活动减缓物理作用和化学作用速度;②化学试剂加入法。即往水样中加入某一可以阻止细菌生长或杀死细菌的试剂。常用的试剂有:氯仿、HgCl₂ 等;③控制溶液 pH 值。即酸化法和加碱法。酸化法,是为防止金属元素沉淀或被容器壁吸附,可加酸到 pH 小于 2,使水样中的金属元素呈溶解态。一般酸化后的海水水样可保存数周(采样的保存时间短些,一般为 16d)。④加碱法。是对酸性条件下容易生成挥发性物质的待测项目(如氰化物等),可以加入 NaOH 将水样的 pH 值调节到 12 以上,使其生成稳定的盐类。表 4-3 列出了保存剂的作用及应用范围,供参考。

表 4-3　保存剂的作用及应用范围

保存剂	作用	应用范围
$HgCl_2$	细菌抑制剂	各种形式的氮、各种形式的磷
酸(HNO_3)	金属溶剂、防止沉淀	多种金属
酸(H_2SO_4)	细菌抑制剂与有机碱类形成盐类	有机水样(COD、油脂、有机碳)氨、胺类
碱(NaOH)	与挥发化合物形成盐类	氰化物、有机酸类
氯仿	细菌抑制剂	各种形式的氮、各种形式的磷
冷冻	抑制细菌繁殖,减慢化学反应	酸度、碱度、有机物、BOD、色、嗅、有机磷、有机氮、碳等

(三)测定项目和方法

海水的测定项目和方法,见表 4-4,具体测试分析详见《海洋监测规范》HY003.4—91。

表 4-4　海水测定项目、方法及水样体积和保存方法

编目号	项目及方法	所用采样器材料	水样现场预处理	水样用量/mL	储存用容器 P	储存用容器 G	保存温度/℃	保存时间	备注
2	汞	玻璃	加 H_2SO_4 至 pH<2			+		13d	过滤:指用 0.45 微米滤膜过滤
2.1	冷原子吸收分光光度法		加 H_2SO_4 至 pH<2	100					P:聚乙烯塑料瓶 G:硬质玻璃瓶
2.2	二硫腙分光光度法		加 H_2SO_4 至 pH<2	500					水样用量指一次分析所用样品体积
2.3	全捕集冷原子吸收光度法		加 H_2SO_4 至 pH<2	200					采样量应乘以重复测定的次数。下同
3	铜	塑料或玻璃	过滤加 HNO_3 至 pH<2		+			90d	
3.1	无火焰原子吸收分光光度法		过滤加 HNO_3 至 pH<2	10					
3.2	阳极溶出伏安法		过滤加 HNO_3 至 pH<2	10					
3.3	火焰原子吸收分光光度法		过滤加 HNO_3 至 pH<2	100					
3.4	二乙氨基二硫代甲酸钠分光光度法		过滤加 HNO_3 至 pH<2	200					
4	铅	玻璃或塑料	过滤加 HNO_3 至 pH<2		+			90d	

续　表

编目号	项目及方法	所用采样器材料	水样现场预处理	水样用量/mL	储存用容器 P	储存用容器 G	保存温度/℃	保存时间	备注
4.1	无火焰原子吸收分光光度法		过滤加 HNO₃ 至 pH<2	200					
4.2	阳极溶出伏安法		过滤加 HNO₃ 至 pH<2	10					
4.3	火焰原子吸收分光光度法		过滤加 HNO₃ 至 pH<2	10					
4.4	二硫腙分光光度法		过滤加 HNO₃ 至 pH<2	150					
5	镉	玻璃或塑料	过滤加 HNO₃ 至 pH<2		+			90d	
5.1	无火焰原子吸收分光光度法		过滤加 HNO₃ 至 pH<2	200					
5.2	阳极溶出伏安法		过滤加 HNO₃ 至 pH<2	10					
5.3	火焰原子吸收分光光度法		过滤加 HNO₃ 至 pH<2	400					
5.4	二硫腙分光光度法		过滤加 HNO₃ 至 pH<2	50					
6	锌	玻璃或塑料	过滤加 HNO₃ 至 pH<2		+				
6.1	火焰原子吸收分光光度法		过滤加 HNO₃ 至 pH<2	20				90d	
6.2	阳极溶出伏安法		过滤加 HNO₃ 至 pH<2	10					
6.3	二硫腙分光光度法		过滤加 HNO₃ 至 pH<2	100					
7	总铬	玻璃或塑料	过滤加 H₂SO₄ 至 pH<2						
7.1	二苯碳酸二肼分光光度法		过滤加 H₂SO₄ 至 pH<2	1000		+	4	20d	
7.2	无火焰原子吸收分光光度法		过滤加 H₂SO₄ 至 pH<2	10					
8	砷	玻璃或塑料	过滤加 H₂SO₄ 至 pH<2		+	+		3个月	

编目号	项目及方法	所用采样器材料	水样现场预处理	水样用量/mL	储存用容器 P	储存用容器 G	保存温度/℃	保存时间	备注
8.1	硫化氢-硝酸银分光光度法			200					
8.2	氢化物发生原子吸收分光光度法			15					
8.3	催化极谱法			5					
9	砷	玻璃或塑料	过滤加 HNO₃ 至 pH<2		+	+		3 个月	
9.1	荧光分光光度法			50					
9.2	二氨基联苯胺分光光度法			500					
9.3	催化极谱法			5					
10	油类	玻璃或金属	现场萃取			+	4	10d	
10.1	环己烷萃取荧光分光光度法			500					
10.2	氯里昂-环己烷体系荧光分光光度法			500					
10.3	重量法			500					
10.4	此外分光光度法			500					
11	六六六、DDT	玻璃或金属	现场萃取	500		+	4	10d	
11.1	气相色谱法								
12	多氯联苯	玻璃或金属	现场萃取			+	4	10d	
12.1	气相色谱法			2000					
13	狄氏剂	玻璃或金属	现场萃取			+	4	10d	
13.1	气相色谱法			2000					
14	活性硅酸盐	玻璃或金属	过滤		+		4	3d	

续 表

编目号	项目及方法	所用采样器材料	水样现场预处理	水样用量/mL	储存用容器		保存温度/℃	保存时间	备注
					P	G			
14.1	硅钼黄法			50					
14.2	硅钼蓝法			20					
15	硫化物	玻璃或金属	每升水样加1mL乙酸锌溶液(50g/L)		+	+		24h	
15.1	亚甲基蓝分光光度法			2000					
15.2	离子选择电极法			40					
16	挥发性酚								
16.1	4-氨基安替比林分光光度法	玻璃或金属	加 H_2PO_4 至 PH<4，每升水样加2g 硫酸铜($CuSO_4.5H_2O$)	200		+	4	24h	
17	氰化物	玻璃或金属	加 NaOH 至 pH12~13			+	4		
17.1	异烟酸—吡唑啉法			500				24h	
17.2	吡啶—巴比土酸分光光度法			500					
20	阴离子洗涤法	金属或玻璃		100		+		24h	
20.1	亚甲基蓝分光光度法								
21	嗅和味	玻璃						现场立即测定	
21.1	感官法								
23	PH	玻璃塑料或金属			+	+		现场立即测定	
23.1	pH 计法			50					
23.2	pH 比色法			10					
24	悬浮物	玻璃塑料或金属	现场过滤		+	+			

续　表

编目号	项目及方法	所用采样器材料	水样现场预处理	水样用量/mL	储存用容器 P	储存用容器 G	保存温度/℃	保存时间	备注
24.1	重量法			50~5000					
25	氯化物	玻璃塑料或金属			+	+		30d	
25.1	铝量滴定法			100					
26	盐度	玻璃塑料或金属			+	+		90d	
26.1	盐度计法			250					
27	浑浊度	玻璃塑料或金属			+	+		24h 若加	
27.1	目视比浊法			100				可保存 22d	0.5%HgCl$_2$
27.2	分光光度法			50					
27.3	浊度计法			100					
28	溶解氧	玻璃或金属	加 1mL MnCl$_2$ 和 1mL 碱性碘化钾			+		现场测定	
28.1	碘量法			50~250					
29	化学需氧量	玻璃或金属			+	+		现场测定	
29.1	碱性高锰酸钾法			100					
30	生化需氧量	玻璃或金属			+	+		6h	冷冻可保存48h
30.1	5日培养法（BOD$_5$）			300					
30.2	两日培养法（BOD$_2$）			300					
31	总目机碳	玻璃或金属				+		立即测定	
31.1	过硫酸钾氧化法			20					
32	无机氮								
33	氨	玻璃塑料或金属	过滤		+	+		3h	如 -20℃冷冻可保存 7d

续　表

编目号	项目及方法	所用采样器材料	水样现场预处理	水样用量/mL	储存用容器		保存温度/℃	保存时间	备注
					P	G			
33.1	淀酚蓝分光光度法			35					
33.2	次溴酸盐氧化法			50					
34	亚硝酸盐	玻璃塑料或金属	过滤		+	+		30h	同上
34.1	萘乙二胺分光光度法			50					
35	硝酸盐	玻璃塑料或金属	过滤		+	+		3h	同上
35.1	镉柱还原法			50					
36	无机磷	玻璃塑料或金属	过滤		+	+			
36.1	磷钼蓝分光光度法			50				立即测定	若不能立即测定,应置于冰箱中保存,但不能超过48h
36.2	磷钼蓝一萃取分光光度法			250					

四、海洋沉积物样品的采集与测试

海洋沉积物样品的采集与测试,着重介绍:采样站位的布设、沉积物样品的采集、样品的现场描述、监测时间与频率、样品的分装与保存、沉积物分析样品的制备以及测定项目和方法,共7个方面内容。

(一)海洋沉积物采样站位的布设

沉积物样品采样站位,一般有两种形式:一种是选择性布设;另一种是综合性布设。选择性布设,通常是指在专项监测时,根据监测对象及监测项目的不同,在局部地带有选择地布设沉积物采样点,如排污口监测以污染源为中心,顺污染物扩散带按一定距离布设采样点。而综合性布设,是根据区域或监测目的的不同,进行对照、控制、削减断面布设,如在某港湾进行污染排放总量控制监测中,可按区域功能的不同进行对照、控制、削减断面布设。布设方法可以是单点、断面、多断面、网格式布设。

(二)沉积物样品的采集

不同目的的采集,常需选择不同的沉积物采样器,为此应考虑以下几个方面:①贯穿泥层的深度;②齿板锁合的角度;③锁合效率(避免障碍的能力);④引起波浪"振荡"和造成样品的流失或者在泥水界面上洗掉样品组成或生物体的程度；⑤在急流中样品的稳定性。在选择沉积物采样器时对环境、水流情况应预先有所了解，然后根据采样面积和采样船只设备统筹考虑。

采集表层沉积物，常用抓斗式采泥器，其式样与普通的装运抓头相似，这种抓斗式采样器结构简单，使用方便可靠，对船上设备来说要求最低，其缺点是碎屑有时妨碍抓斗关闭。"曙光"型采泥器是使用较为广泛的一种。

我国目前使用最多、最普遍的是抓斗式采样器。使用前首先测定水深、并将绞车的钢丝绳与采样器连接，检查是否牢固。慢速开动绞车将采泥器放入水中，稳定后在常速下放至海底一定距离（3~5m），再全速降至海底。此时采样器着底，并将钢丝绳适当放长，浪大流急时更应如此。然后慢速提升采泥器，使其离底后快速提升至水面，再行慢速，当采泥器高过船舷时，停车，将其轻轻降至接样板上。打开采泥器上部耳盖，轻轻倾斜采泥器，使上部积水缓缓流出。若因采泥器在提升过程中受海水冲刷，致使样品流失过多或因沉积物太软，采泥器下降过猛，沉积物从耳盖中冒出，均应重采。

采集柱状样品，通常采用重力取样管。最简单的重力采样管就是一条金属管，附加上一些重物。采样时，让其利用重力下落打入沉积物中，再用绞车提起。调节附加重物的重量可控制打入的深度。重力取样管可以采集几十米长的沉积物柱状样，在沉积物采样中一般先采表层样了解沉积物的类型。若为沙砾沉积物，就不必作重力取样。柱状采样过程与表层沉积物采样过程基本相似，取样管自海底取上来后应平放在甲板上，倒出上部积水，测量打入深度，再用通条将柱状样缓缓挤出，按顺序排在接样板上进行处理和描述。若柱状长度不足或样管斜插入海底，均应重采。

（三）样品的现场描述

无论是表层样还是柱状样，采到甲板上应立即进行现场描述，描述的内容有：颜色、嗅、厚度、沉积物类型和生物现象。沉积物的颜色往往能够反映沉积环境条件、描述时应参照统一标准（《海洋调查规范》暂行色标）进行描述。在鉴别颜色的同时用嗅觉闻一闻有无油味、硫化氢味及其气味的轻重，并记录之。

厚度是指沉积物表层的浅色层的厚度，能反映其沉积环境、取样时可用玻璃试管轻插入样品中，取出后量取浅色层厚度。柱状取样时，可描述取样管打入深度、样柱实际长度及自然分层厚度、沉积物类型可根据《海洋地质调查》对照描述。

对沉积物还要进行生物现象描述，描述一般从以下几方面考虑：①贝壳含量及其被破碎程度；②含生物的种类及数量；③生物活动遗迹；④其他特征（根据《海洋调查规范》第四分册《海洋地质调查》进行描述）。

（四）监测时间与频率

采样频率依各采样点时空变异和所要求的精密度而定。一般来说，由于沉积物相对稳定，受水文、气象条件变化的影响较小，污染物含量随时间变化的差异不大，采样频次与水质采样相比较少，通常每年采样一次，与水质采样同步进行。

（五）样品的分装与保存

这里有两种情况：一种是表层沉积物分析样品的分装与保存；另一种是柱状样分析样品的分装与保存。具体操作如下：

1. 表层沉积物分析样品的分装与保存

先用塑料刀或勺从采泥器耳盖中细取上部 0~1cm 和 1~2cm 的沉积物,分别代表表层和亚表层的沉积物。如遇沙砾层,可在 0~3cm 层内混合取样。一般情况下每层各取 3~4 份分析样品,取样量视分析项目而定。如果一次采样量不足,则应再采一次。不同监测项目的样品分装如下。

(1)取刚采集的沉积物样品,迅速地装入 100mL 烧杯中(约半杯,力求保持样品原状),供现场测定氧化还原电位用(也可在采泥器中直接测定)。

(2)取约 5g 新鲜湿样,盛于 5mL 烧杯中,供现场测定硫化物(离子选择电极法)用。若用比色法或碘量法测定硫化物,则取 20~30g 新鲜湿样,盛于 125mL 磨口广口瓶中,充氮后塞紧磨口塞。

(3)取 200~300g 湿样,放入已洗净的聚乙烯袋中,扎紧袋口,供测定铜、铅、锌、镉、铬、砷、硒用。

(4)取 300g 湿样,盛入 250mL 磨口广口瓶中,充氮后密封瓶口,供测定含水率、粒度、总汞、油类、有机碳、有机氯农药及多氧联苯用。

2. 柱状样分析样品的分装保存

样柱上部 30mL 内按 5mL 间隔,下部按 10mL 间隔(超过 1m 酌定)用塑料刀切成小段,小心地将样柱表面刮去,沿纵向切开三份(三份比例为 1:1:2),两份量少的分别盛入 50mL 烧杯(离子选择电极法测定硫化物,如用比色法或用碘量法测定硫化物时,则盛于 125mL 磨口广口瓶中,充氮气后密封保存)和聚乙烯袋中,另一份装入 125mL(或 250mL)磨口广口瓶中。

(六)沉积物分析样品的制备

这里也分为两种情况:一种是供测定铜、铅、镉、锌、铬、砷、硒的分析样品制备;另一种供测定油类、有机碳、有机氯农药及多氯联苯的分析样品制备。具体是:

1. 供测定铜、铅、镉、锌、铬、砷、硒的分析样品制备

先将聚乙烯袋中的湿样转到洗净并编号的瓷蒸发皿中,置于 80~100℃烘箱内,排气烘干,再将烘干后样品摊放在干净的聚乙烯板上,用聚乙烯棒将样品压碎,剔除砾石和颗粒较大的动植物残骸。将样品装入玛瑙钵中。放入玛瑙球,在球磨机上粉碎至全部通过 160 目尼龙筛,也可用玛瑙研钵手工粉碎,用 160 目尼龙筛加盖过筛,严防样品逸出,将加工后的样品充分混匀。

缩分分取 10~20g 制备好的样品,放入样品袋,送各实验室进行分析测定。其余的样品盛入 250mL 磨口广口瓶(或有密封内盖的 200mL 广口塑料瓶中),盖紧瓶塞,留作副样保存。

2. 供测定油类、有机碳、有机氯农药及多氯联苯的分析样品制备

具体操作是:①将已测定过含水率、粒度及总汞后的样品摊放在已洗净并编号的搪瓷盘中,置于室内阴凉通风处,不时地翻动样品并把大块压碎,以加速干燥,制成风干样品;②将已风干的样品摊放在聚乙烯板上,用聚乙烯棒将样品压碎,剔除砾石和颗粒较大的植物残骸;③在球磨机上粉碎至全部通过 80 目尼龙筛,也可用瓷研钵手工粉碎,用 80 目金属筛加盖过筛。严防样品逸出,将加工后的样品充分混匀;④缩分分取 40~50g 制备好的样品,放入样品袋,送各实验室进行分析测定。

(七)测定项目和方法

海洋沉积物测定项目和方法,列于表 4-5,具体分析测试详见《海洋监测规范》。

表 4-5 海洋沉积物测定项目与方法

编目号	项目及分析方法	检出限(W)	备注
2	总汞		
2.1	冷原子吸收光度法	5.0×10^{-9}	
2.2	二硫腙分光光度法	26×10^{-9}	
3	铜		
3.1	无火焰原子吸收分光光度法	0.5×10^{-6}	
3.2	火焰原子吸收分光光度法	1.4×10^{-6}	
3.3	二乙基二硫代氨基甲酸钠分光光度法	0.8×10^{-6}	
4	铅		
4.1	无火焰原子吸收分光光度法	2.0×10^{-6}	
4.2	火焰原子吸收分光光度法	3.0×10^{-6}	
4.3	二硫腙分光光度法	0.5×10^{-6}	
5	镉		
5.1	无火焰原子吸收分光光度法	0.04×10^{-6}	
5.2	火焰原子吸收分光光度法	0.05×10^{-6}	
5.3	二硫腙分光光度法	0.46×10^{-6}	
6	锌		
6.1	火焰原子吸收分光光度法	5.8×10^{-6}	
6.2	二硫腙分光光度法		
7	铬		
7.1	二本碳酰二肼分光光度法	1.5×10^{-6}	
7.2	无火焰原子吸收分光光度法	1.7×10^{-6}	
8	砷		
B.1	砷钼酸—结晶紫分光光度法	0.6×10^{-6}	
8.2	氯化物—原子吸收分光光度法	2.1×10^{-6}	
8.3	催化极谱法	1.4×10^{-6}	
9	硒		
9.1	荧光分光光度法	0.13×10^{-6}	
9.2	3.3—二氨基联苯胺四盐酸分光光度法	0.5×10^{-6}	
9.3	催化极谱法	0.03×10^{-6}	
10	油类		
10.1	荧光分光光度法	2×10^{-6}	
10.2	重量法	20×10^{-6}	

编目号	项目及分析方法	检出限(W)	备注
10.3	紫外分光光度法	$2.4×10^{-6}$	
11	六六六、DDT	α—六六六 2.8Pg γ—六六六 3.9Pg β—六六六 2.1Pg δ—六六六 4.2Pg	
11.1	气相色谱法	pp—DDE3.1Pg op—DDT10.3Pg pp'—DDD5.8Pg pp—DDT17.6Pg	
12	多氯联苯		
12.1	气相色谱法	PCB558.5Pg	
14	硫化物		
14.1	亚甲基蓝分光光度法	$0.23×10^{-6}$	可在现场测定
14.2	离子选择电极法	$0.14×10^{-6}$	可在现场测定
14.3	碘量法	$4×10^{-6}$	可在现场测定
15	有机碳		
15.1	重铬酸钾氧化—还原滴定法		
15.2	热导法	0.03%	
16	含水率		
16.1	重量法		
17	氧化还原电位		现场测定
17.1	电位计法		现场测定

五、海洋生物样品的采集与测试

海洋生物样品的采集与测试,着重介绍:采样站位布设、样品采集、样品描述、样品预处理以及测定项目与方法,共五方面内容,具体如下。

(一)海洋生物样品采样站位的布设

站位布设应根据实际情况,以覆盖和代表监测海域(滩涂)生物质量为原则,采用扇形(河口近岸海域)或井字形、梅花形、网格形方法布设监测断面和监测站位。生物监测断面布设基本与沿岸平行,重点考虑河口、排污口、港湾和经济敏感区。港湾水域监测断面按网格布设,按监测目的和项目的不同站点布设而有所侧重。

(二)样品采集

生物样品的采集,先要考虑样品的来源、选择样品的一般原则,最后才考虑样品采集的种类,具体如下。

1. 生物样品的来源

这些来源主要有:①生物测点的底栖拖网捕捞;②近岸定点养殖、采样,如贻贝和某些藻类;③渔船捕捞;④沿岸海域定置网捕捞及垂钓渔获;⑤市场直接购买,包括经济鱼类、贝类和某些藻类。

2. 选择样品的一般原则

海洋生物种类繁多,并不是所有生物都适合做监测对象的,所以在选择样品时要考虑以下原则:①能积累污染物并对污染物有一定的忍受能力,其体内污染物含量明显高于其生活水体;②被人类直接食用的海洋生物或作为食物链被人类间接食用的生物;③大量存在,分布广泛,易于采集;④有较长的生活周期,至少能活一年以上的种类;⑤生命力较强,样品采集后依然是活体;⑥固定生息在一定海域范围,游动性小;⑦样品大小适当,以便有足够的肉质分析;⑧生物种群中的优势种和常见种。一般说,常选择贻贝、虾类和鱼类来做样品。

除了考虑上述的原则之外,还应根据不同的目的选择采样地点,从考虑样品的代表性和评价环境质量出发,采集地点主要应在近岸海域,如潮间带和近岸水域,最好在水质和沉积物采样点都采集生物样。采样时间应选择在生物生长处于比较稳定的时期,一般以冬末初春季节采样为好。如果为了了解在不同季节生物体内的污染含量的变化情况,则在每个季节里都应采样。

3. 样品采集

分为贝类样品采集、藻类样品采集、检测细菌学指标(粪大肠菌群、异养细菌)样品采集、虾鱼类样品采集。

(1)贝类样品采集。挑选采集体长大致相似的个体约 1.5kg,如果壳上有附着物,应用不锈钢刀或较硬的毛刷去除,彼此相连个体应用不锈钢刀开分。用现场海水冲洗干净后,放入双层聚乙烯袋中冰冻保存,用于生物残毒及贝毒检测。

(2)藻类样品采集,采集大型藻类样品 100g 左右,用现场海水冲洗干净,放入双层聚乙烯袋中冰冻保存($-20 \sim -10$℃)。

(3)检测细菌学指标(粪大肠菌群、异养细菌)样品采集。检测细菌学指标的生物样品,应现场用凿子铲取栖息在岩石或其他附着物上的生物个体。栖息在沙底或泥底中的生物个体可用铲子采取,或用铁钩子扒取,在选取生物样品时要去掉壳碎的或损伤的个体(指机械损伤),将无损伤、生物活力强的个体装入做好标记的一次性塑料袋中,然后将样品放入冰瓶冷藏($0 \sim 4$℃)保存不超过 24h,全过程严格无菌操作。

(4)虾、鱼类样品采集。虾和鱼类等生物的取样量为 1.5kg 左右,为了保证样品的代表性和分析用量,应视生物个体大小确定生物的个体数,保证选取足够数量(一般需要 100g 肌肉组织)的完好样品用于分析测定。用现场海水冲洗干净,冰冻保存($-10 \sim -20$℃)。

4. 样品的保存和运输

样品的保存,是指在样品运输前,应根据采样记录和样品登记表清点样品,填好装箱单和选样单,由专人负责,将样品送到实验室冷冻保存。生物残毒和贝毒检测样品应保存在-20℃以下的冰柜中。用于微生物检测的样品运回实验室后,应立即进行检测。

样品运输,是指样品采集后,若长途输送,需把样品放入样品箱(或塑料桶)中,对无须封装的样品,应将现场清洁海水淋撒在样品上,保持样品的润湿状(不得浸入水中)。若样品处理须在采样 24h 后进行,可将样品放在聚乙烯袋中,压出袋内空气,将袋口打结,将此袋和样品标签一起放入另一聚乙烯袋(或洁净的广口玻璃)中,封口、冷冻保存。

5.测定项目与方法

生物体测定项目和方法详见表 4-6。具体分析测试详见《海洋监测规范》HY003.6—91。

表 4-6　海洋生物体测定项目与方法

测定项目	分析方法	检出限(W)/$\times 10^{-6}$
总汞	冷原子吸收光度法	0.01
	二硫腙分光光度法	0.01
铬	二苯碳酰二肼分光光度法	0.40
	无火焰原子吸收分光光度法	0.038
铜	无火焰原子吸收分光光度法	0.34
	阳极溶出伏安法	1.1
	火焰原子吸收分光光度法	1.64
	二乙基二硫代氨基甲酸铵分光光度法	
砷	砷钼酸—结晶紫分光光度法	1.4
	氢化物原子吸收分光光度法	0.35
	催化极谱法	1.4
铅	无火焰原子吸收分光光度法	0.042
	阳极溶出伏安法	0.27
	火焰原子吸收分光光度法	0.54
	二硫腙分光光度法	0.50
镉	无火焰原子吸收分光光度法	0.0044
	阳极溶出伏安法	0.40
	火焰原子吸收分光光度法	0.075
	二硫腙分光光度法	0.24
锌	火焰原子吸收分光光度法	3.2
	阳极溶出伏安法	2.0
	二硫腙分光光度法	0.10
硒	荧光分光光度法	0.19
	二氨基联苯胺四盐酸分光光度法	0.50
	催化极谱法	0.076

测定项目	分析方法	检出限(W)/×10^{-6}
石油烃	荧光分光光度法	1.0(湿重)
多氯联苯	气相色谱法	43.1Pg
有机氯农药 (六六六、DDT)	气相色谱法	α—六六六 4.52Pg γ—六六六 6.31Pg β—六六六 2.05Pg σ—六六六 8.52Pg pp'—DDE 4.05Pg op'—DDD 7.2Pg pp'—DDD 7.2Pg pp'—DDT 40.0Pg
狄氏剂	气相色谱法	2.25Pg

六、监测数据处理

监测数据处理包括监测误差的分类和监测中的数据处理两方面。对海洋环境监测的基本要求,必须具有代表性、精密性、准确性、完整性和可比性,特别是在实验室分析工作中准确性是最为重要的。

(一)监测误差的分类

工作实践中都可看到,任何测量的分析过程中,误差是不可避免的。误差,是指监测分析结果与真实性之间的差异,误差总是客观存在于一切分析测量的结果中。误差,若按其来源可分为系统误差、随机误差和过失误差的三种类型。

1. 系统误差

系统误差是指在分析测试条件中,有一个或几个固定因素不能满足规定的要求而引起的误差。这种误差产生的根源主要有下列三种:①标准溶液浓度配制错误造成的误差;②计算仪器未经核正造成的误差;③试剂和水的质量不合乎要求造成的误差。例如,大气采样器的流量计要定期进行流量校正,如果某台采样器的流量有较大误差,使用时未经校正,结果使用该台仪器采集的所有数据会存在系统的误差;又如,某实验人员在配制硫酸根标准溶液时,把硫酸钾错当成硫酸钠来称量,这样配制出来的标准溶液的浓度只有规定浓度的81.61%,因此计算出来的样品浓度会高出原有浓度的22.53%。

2. 随机误差

随机误差亦称偶然误差。因为同一个样品进行数个试份平行测定时,其结果往往不会是完全相同的。彼此间总是有些误差,这种误差是由于测定时的条件不可能完全等同而产生的,其主要原因有下列四种:①各次称量、吸取、读数的误差不可能完全相同,量器的误差也不可能完全一致;②消解、分离、富集等各种操作步骤中的损失量或沾污程度不尽相同;③滴定终点的色调判断不可能完全一致;④测量仪器受到外界条件的限制,在使用过程中不可能是恒定不变的。总而言之,随机误差没有一定的方向性,其大小也不是固定值。但与分析方法、仪器性能、实验室条件以及操作人员的技巧等密切相关。

3. 过失误差

完全是由一些意外的因素造成的,无任何规律可言,但危害很大,就如广大监测分析者所说的"一个错误的数据比没有数据更坏",所以要特别注意。常见的意外误差因素有下列一些实例:①看错取样量:称样时看错了砝码从而引起了错误的称样量;用错了移液管而导致分析结果偏差;②样品在加热消解过程中有大量的迸溅损失;萃取分离富集有大量泄漏;③大批样品分析时,某个程序发生错号,严重时就会造成众多样品的结果异常;④使用的计算机程序有误又未经审核复算,报出了不正确的数据;⑤算错了富集或稀释倍数,如某实验室把六价铬 $0.5mg/L$ 的浓度错报为 $0.25mg/L$,像此类误差可认为最典型的过失误差。

在上述的三类误差中,系统误差可通过量器校正、标准溶液比对、方法验证等一系列措施使之减少。过失误差主要通过加强分析人员的责任心和基本操作技巧的训练,健全实验室的规章制度、严格遵守操作规程等方法来减少其发生的概率。随机误差客观上是不可避免的,其大小因实验室性能、因人而异,但可利用统计方法加以估算和处理。

(二)监测数据的处理

海洋环境监测过程中,有时会出现可疑数据和离群数据等现象。这些都对监测质量带来不利影响,为此必须进行处理,而处理必须遵循一定原则。

1. 可疑数据的取舍

一组(群)正常的测定数据,应是来自具有一定分布的同一总体;若分析条件发生显著变化,或在实验操作中出现过失,将产生与正常数据有显著差别的数据,称为离群数据,而仅怀疑某一数据可能会歪曲测定结果,但尚未经过检验判定为离群数据时,则此数据称为可疑数据。

(1)可疑数据的检验。剔除离群数据,会使测定结果更客观;若仅从良好愿望出发,任意删去一些表观差异较大并非离群数据,虽由此得到认为满意的数据,但并不符合客观实际。因此,对可疑数据的取舍,必须参照下述原则处理:①仔细回顾和复查产生可疑值的试验过程,如果是过失误差,则可舍弃;②如果未发现过失,则要按统计程序检验,决定是否舍弃。

(2)离群数据的判别准则,要按照下列准则执行:①计算的统计量不大于显著性水平 $\alpha = 0.15$ 的临界值,则可疑数据为正常数据,应保留;②计算统计量大于 $\alpha = 0.05$ 的临界值但又小于 $\alpha = 0.01$ 的临界值,此可疑数据为偏离数据,可以保留取中位数代替平均数值;③计算的统计量大于 $\alpha = 0.01$ 的临界值,此可疑值为离群数据,应予剔除,并对剩余数据继续检验,直到数据中无离群数据为止。

(3)离群数据的检验方法。常用的检验方法有:Dixon 检验法、Grubhs 检验法和 Cochran 最大方差检验法等。详见《海洋监测规范》HY003.2—91。

2. 两均数差异的显著性检验

运用统计检验程序,判别两组数据之间的差异是否显著,可以更合理地使用数据,做出正确的结论。

主要检验方法为:两组均数之间的显著性检验—F 检验法,详见《海洋监测规范》HY003.2—91。

七、监测报告和成果归档

海洋环境监测工作的最后程序,就是要写好监测报告,并要按照国家《档案法》将档案材料整理验收和保存。

(一)监测报告

其内容包括前言、监测区基本环境状况、环境质量状况及其分析以及环境对策建议。具体内容如下。

1. 前言

介绍本次监测概况,任务及其来源,监测范围及地理坐标、监测船及监测时间,站位及监测项目,采样和监测方法,数据质量评述。

2. 监测区基本环境状况

包括自然地理状况及水文气象状况,陆源性污染状况。

3. 环境质量状况及其分析

包括各介质环境质量要素的特征值分析和空间分布,各环境质量要素与有关标准对照分析,各介质反映的环境质量状况评述,综合环境质量评价及其成因探讨。

4. 环境对策建议

根据海域环境质量评估,结合区域社会经济特点,提出针对性的环境管理和改善环境质量状况的建议。

海洋环境监测的详细内容与监测方法,具体要求必须参阅《海洋监测规范》(GB17378—2007)。

(二)成果归档

其内容包括两部分:一是归档内容;二是归档要求。

1. 归档内容

归档资料主要内容包括:①任务书、合同、监测实施计划;②海上观测及采样记录,实验室检测记录,工作曲线及验收结论;③站位实测表,值班日志和航次报告;④监测资料成果表;⑤成果报告最终原稿及印刷件;⑥成果报告鉴定书和验收结论。

2. 归档要求

其内容包括如下:①按照国家《档案法》和本单位档案管理规定,将档案材料系统整理编目,经项目负责人审查签字,由档案管理人验收后保存;②未完成归档的监测成果报告,不能签订或验收;③按资料保密规定,划分密级妥善保管;④磁盘、磁带等不能长期保存的载体归档资料,应按载体保存限期及时转录,并在防磁、防潮条件下保障;⑤持续时间为两年以内的监测项目,于验收或鉴定前后两次完成归档、持续时间为两年以上的监测项目,还应在每个航次结束后两个月内归档一次。监测成果报告半年内归档。

第四节　海洋渔业生态环境监测数据库系统的设计和实现

《海洋渔业生态环境监测数据库系统的设计和实现》是一篇反映我国海洋渔业生态环境监测技术较先进的论文,作者袁骐、沈新强(中国水产科学研究院东海水产研究所、农业部海洋与河口渔业重点开放实验室),该论文刊登在《海洋渔业》第26卷第4期,2004年11月。在本书中,笔者引用这篇论文的目的,是为了让读者能够更深刻地理解海洋环境监测的意义,同时也想让这篇论文在社会上引起更大效应,这对于促进我国海洋经济的发展是有利的。现将这篇论文的详细内容分述如下。

国内对于环境监测类数据库的研究主要围绕于MODAT软件(该软件由国家环境监测总站编写)的开发或改进,软件环境为DOS系统。该软件的设计是面向陆源环境监测,针对陆地、河流和湖泊的监测,其生物部分缺少底栖生物、浮游生物及其生物多样性的统计,不能满足海洋渔业生态环境监测的需求。针对海洋生物调查的"126项目"(国家海洋资源勘探)数据库,软件环境为Foxpro 2.5和Windows 95以上,但缺少生物体残留量、生物多样性及生态评估功能。

海洋渔业生态环境监测数据来源广泛,涉及因子多,各因子之间关系复杂,在进行环境评价时,往往需要综合考虑这些因素,因此需要设计一个包含多种因子,不仅可对各种数据交叉查询,统计分析,综合评价,而且数据必须易与其他系统(如地理信息系统)和连接的开放型数据库。Microsoft Access 2000由表、查询、窗体、报表、数据访问页、宏和模块组成,可以直接与Mapinfo相连接,还可以自动操作Microsoft Office下其他应用程序如Excel,发布互联网信息,并可在其内部直接使用VB编程。基于Access的众多综合性优点,本数据库选用其作为开发环境,利用VB-ADO数据访问方法实现对数据库系统的管理和对数据处理调用。在综合分析研究了MODAT和国家海洋勘测专项之海洋资源与信息补充调查项目数据库的基础上,针对海洋渔业生态环境监测的特殊需要,增加了污染物质生物体残留量子数据库;除提供数据输入、查询等功能外,还设计了单航次和多航次的数据统计分析以及多种水质、底质和生物污染程度综合评估模型。

一、数据库系统的设计

海洋渔业生态环境监测数据库系统分成三大模块,包括数据输入模块、数据统计分析模块和外部数据导入模块,如图4-1所示。数据输入模块分别提供浮游植物、浮游动物、底栖生物、鱼卵仔鱼、水化学、底质和水文以及污染生物体残留量数据的输入界面;数据统计分析模块有两部分组成,即单航次数据统计分析和多航次数据统计分析;外部数据通过外部数据导入模块转化进入数据库系统。数据库系统主要包括18张表,表与表之间用关联字段以一对多或一对一的关系组合形成关系数据库。整个数据库系统以航次表为起点,以一对多关系联结站位表,再以站位表为节点,以方式联结不同各表。图4-2显示了浮游植物数据库的结构,站位表以一对一的方式联结浮游植物采样方法表,浮游植物生物量表以多对一的方式分别与采样方法表和种名录表联结,其他生物类数据库的设计与其类似。图4-3为环绕因子数据库的结构,站位表以一对一方式与各环境因子表联结,各因子表再与相关的评价标准表联结。

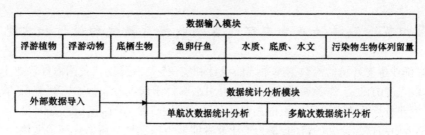

图 4-1 数据库系统的组成示意

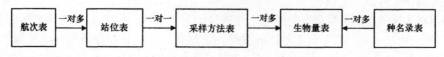

图 4-2 浮游植物数据库的设计示意

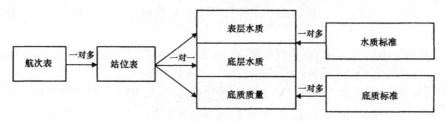

图 4-3 环境因子数据库的设计示意

生物因子数据库包含生物个体数、生物量、标本号、采样方法、日期、时间、地点、中文名拉丁文名、类群、多样性指数、数量百分比等字段。水文、水质数据库则包括层次、水温、盐度、透明度、营养盐、DO、pH、COD、油类、重金属、叶绿素等字段；底质数据库包括重金属、油类等字段；生物体残留量数据库由重金属、石油烃等污染因子字段组成。

二、模块设计

模块设计内容包括数据输入模块、数据分析统计模块和外部数据导入模块的设计及实现三个方面。

(一) 数据输入模块

数据输入是数据库系统的一个重要功能，为了便于数据的快速、准确输入及识别，利用Access 窗体对象，共设计了六种数据输入界面，以实现数据的分类输入。

1. 种名录

在生物类数据库结构中引入种名录表，以一对多的方式分别与各自生物量表联结，并可以分别选用拼音、拉丁文或代码输入，这样不仅减少了重复输入的工作量，并可避免由于同种异名等原因造成的输入错误。

2. 生物多样性

它是评估生物系统状态的一个重要指标，主要包括：丰度、均匀度、多样性和单纯度；在生物类数据库中使用 VB-ADO 调用相关表中数据，在数据输入完成的同时，利用 Access 触发功能计算生物多样性及种类百分比组成,并将计算结果反馈给相应的表,达到数据输入和常规统计同步完成的目的。

3. 纠错功能

在鉴定浮游生物样品时,同一种生物若被分开记录,则会导致多种计算错误,这种错误在种类丰富的调查站位中特别常见,因此在输入模块中加入检测模块,一旦发生此类错误,检测模块显示重复种的名称和重复次数。

(二)数据分析统计模块

根据海洋渔业生态环境监测的需要,在分析模块中提供了生物个体数、优势度、极值等的统计分析,以及水质、底质和贝类中污染物质残留量的评估。按统计范围,可分成单航次数据统计模块和多航次数据统计模块、模块调用从窗体输入、存储在表中、相互关联的数据,利用Access 的查询、报表和窗体功能,结合 VBA,实现统计分析模块的各种功能。该模块由统计条件、报表和查询三部分组成,如图4-4 所示。

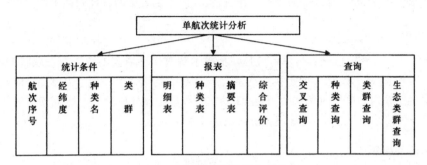

图4-4 统计分析模块的组成示意

1. 统计条件

统计条件包括航次序号、经纬度、种类名、类群等,根据经纬度等条件可将调查区域划分成不同的水域,实现分区域的统计分析。种类名、类群等条件可快速查找该种或该类群的数量分布信息。

2. 报表模式

模块提供了 22 种报表模式,根据其数据类型,大致可分成如下四类。

(1)明细表:分别详细罗列了每个调查站位的具体信息如生物多样性、种类数量、百分比统计,以及最大、最小值、平均值、方差等。

(2)摘要表:包括每个站位的分类群统计资料和航次综合统计资料。

(3)种类表:每个种的平均数量、百分比、优势度,以及分类群的数量、百分比和类群种类数;并且以不同的颜色和字体表示不同等级的优势度。

(4)综合评价表:结合海水水质标准、底质标准和重金属、油类和苯酚等污染物质的算术平均值、单项指数法、内梅罗指数、均方根、向量模型,评估调查区域的水质和底质的污染等级。采用 A 值、NQI 值、E 值评估水体的有机污染水平。采用指数平均法 $PI = \frac{1}{n} \sum_{i=1}^{n} \cdot \frac{Ci}{Si}$ 结合贝类评价标准、单项指数法评估贝类受重金属和油类污染的水平。

3. 查询功能

查询功能设计包括 4 类 16 种查询模式。

交叉查询:该查询结果输出传统的生物统计报表。

种类查询:根据统计条件中的种类名,输出该种类的各种信息。

类群查询:根据统计条件中类群名,输出该类群各站位的总数量。

生态类群查询:查询各生态类型在该航次中的总数量及百分比。

(三)外部数据导入模块的设计及实现

由于不同类别的信息往往来自多台计算机,或多个单位,如本数据库就包含了黄海、东海和南海从 1999 — 2002 年多个航次的调查数据,数据来自多个单位。为了便于数据的归档、综合分析,需要将这些信息分门别类地导入到单一数据库的相应表中。外部数据导入模块根据航次名、输入单位、识别这些信息是否属于同一航次;根据站位名、日期、时间和水层信息共同判断信息是否属于同一站位、是分层还是连续观测站位信息。仅需填写需要导入数据的航次序号、数据的位置即可完成数据的导入工作,极大地简化了数据的整理归档工作。

三、结语

海洋渔业生态环境监测数据库系统是在全面了解海洋环境监测数据管理现状的基础上,分析了监测数据特点、数据管理上存在的问题以及在数据输入和统计上的需求,应用 Access 2000 建立的一个以数据管理为主要目标,辅以常规数据统计分析功能的数据库管理系统。实现了数据管理的系统化,为环境管理和决策提供技术支持。

本章内容小结

(1)海洋环境监测的作用主要有:①沿海社会经济和海洋生态环境可持续发展的客观要求;②海洋环境预测预报、减灾防灾的基础工作;③保护海洋环境、维护人体健康的重要条件;④海洋资源开发利用的基本需求;⑤维护国家安全、促进海洋环境管理的重要保障。

海洋环境监测的目的是及时、准确、可靠、全面地反映海洋环境质量和污染来源的现状和发展趋势,为海洋环境保护和管理、海洋资源开发利用提供科学依据。

海洋环境监测的基本任务,是为控制污染总量、制订管理目标、政策、法律、法规以及环境建设、资源开发等提供科学依据,并强调要对海洋环境各要素的经常性监测和系统掌握评价海洋环境质量状况及发展趋势。

(2)海洋环境监测的特点,是一门综合技术,也是一门集成技术,而监测的原则必须遵循突出重点原则,污染物优先监测原则以及多功能一体化原则。海洋环境监测的分类,按不同角度有不同分类,如按监测手段和方式来分类,则有化学监测、物理监测、生物监测;若按监测实施周期和性质分类,有例行监测、临时监测、应急监测、研究性监测;若按监测目的要求和特殊情况分类,有海洋资源监测、海洋权益监测、海洋监测、定点监测和专项调查。

(3)我国海洋环境监测工作,是从 1958 年全国海洋大普查带动发展起来的。这个发展过程可以划分为四个阶段,即 1958—1972 年为初始阶段,1972—1983 年为起步阶段,1983—1999 年为发展阶段,1999 年至今为健全阶段。随着沿海地区经济的迅速发展,海洋环境保护和减灾工作面临的形势越来越严峻,为了保护和保全海洋环境,国家制定了《全国海洋环境"九五"计划和 2010 年长远计划》,指出要加强海洋污染调查、海洋环境监测管理,进一步完善监测网,重新修订了《中华人民共和国海洋环境保护法》,目前我国海洋环境监测管理机构体系已经全面建立,并按相应程序和方式正常进行。

(4)国外海洋环境监测,主要有国际组织和区域性组织环境污染监测,即由联合国系统内负责组织和协调全球海洋环境监测与研究的国际机构,以及地中海和波罗的海的区域性环境污染监测机构,其中发达国家的海洋环境监测,如美国、日本等更为典型。

发达国家海洋环境监测的特点,归纳起来有下列6方面:①重视海洋环境监测与评价方法体系的完善与统一;②重视水体的富营养化评价;③重视海洋环境生态状况的监测和综合评价;④重视污染源的监测;⑤强调海洋环境监测和评价的区域特征;⑥强调海洋环境监测和评价的公众服务功能。

(5)监测船的性能与设备直接关系到各项样品的采集和测试准确度。监测船的性能要求,包括船舶吨位、抗风浪性能以及甲板机械和实验室等的性能要求,对于专用监测船,除了一般的要求之外,还必须有可控排污装置;对于兼用监测船亦需改装排污系统,以便减少船舶自身对采集样品沾污的影响。监测船的仪器设备,必须经国家法定标准计量机构计量认证、批准生产或经过鉴定合格的产品;国外引进的仪器设备,必须经过验收,确认符合仪器标明质量参数方可使用,同时必须定期经国家法定标准计量机构检定。对于专用监测船的实验室要求,必须位置适中、摇摆度最小处,并靠近采样操作场所,还有独立的淡水供应系统、排水槽及管道需耐酸碱腐蚀;配备有样品冷藏装置、防火器材及急救药品等。

(6)海洋大气样品的采集,首先要考虑采样站的位置,即站位选择必须具有代表所采样的大气环境,采样高度要求当地尘灰和浪花达不到采样器所安放的位置,还要避开船上烟尘的污染。而大气采样的类型,包括气体样品采集、颗粒样品采集和雨水样品采集。大气样品测定的项目和方法,有汞(冷原子吸收光度法)、铅(无火焰原子吸收分光光度法)、六六六和滴滴涕(气相色谱法)、总悬浮微粒(重量法)。

(7)海水样品采集中监测站位和监测断面的布设,应根据监测计划确定的监测目的,结合水域类型、水文、气象、环境等自然特征及污染源分布,综合诸因素提出优化布点方案,在研究和论证的基础上确定。采样的主要站点应合理地布设在环境质量发生明显变化或有重要功能用途的海域,如近岸河口区或重大污染源附近。由于站点布设的影响因素很多,因此站点布设应遵循以下原则:①能够提供有代表性信息;②站点周围的环境地理条件;③动力场状况(潮流场和风场);④社会经济特征及区域性污染源的影响;⑤站点周围的航行安全程度;⑥经济效益分析;⑦尽量考虑站点在地理分布上的均匀性;⑧根据水文特征、水体功能、水环境自净能力等因素的差异性,来考虑站点的布设;⑨监测断面的布设应遵循近岸较密、远岸较疏、重点区较密,对照区较疏的原则。

(8)海洋沉积物样品采样站位,一般有两种形式:一种是选择性布设;另一种是综合性布设。选择性布设,通常是指在专项监测时,根据监测对象及监测项目的不同,在局部地带有选择地布设沉积物采样点,如排污口监测以污染源为中心,顺污染物扩散带按一定距离布设采样点;而综合性布设,是根据区域或监测目的的不同,进行对照、控制、削减断面布设,如在某港湾进行污染排放总量控制监测中,可按区域功能的不同进行对照、控制、削减断面布设,布设方法可以是单点、断面、多断面和网格式布设。

至于沉积物样品的采集,应根据采集目的的不同,考虑以下几个方面:①贯穿泥层的深度;②齿板锁合的角度;③锁合效率(避免障碍的能力);④引起波浪"振荡"和造成样品的流失或在泥水界面上洗掉样品组成或生物体的程度;⑤在急流中样品的稳定性。在选择沉积物采样器时,应对环境、水流情况要预先有所了解,然后根据采样面积和采样船只设备统筹考虑采样器。

(9)海洋生物样品的采集中,选择样品时要考虑以下原则:①能积累污染物并对污染物有一定的忍受能力,其体内污染物含量明显高于其生活水体;②被人类直接食用的海洋生物或作为食物链被人类间接食用的生物;③大量存在,分布广泛,易于采集;④有较长的生活周期,至少能活一年以上的种类;⑤生命力较强,样品采集后依然是活体;⑥固定生息在一定海域范围,游动性小;⑦样品大小适当,以便有足够的肉质分析;⑧生物种群中的优势种和常见种,一般来说,常选择贻贝、虾类和鱼类来做样品。

海洋生物样品采集,除了考虑上述的原则外,还应根据不同目的选择采样地点。如从考虑样品的代表性和评价环境质量出发,采集地点主要应在近岸海域,如潮间带和近岸水域,最好在水质和沉积物采样点都采集生物样品,采样时间应选择在生物生长处于比较稳定的时期,如以冬末春初季节采样为好。如果为了了解在不同季节生物体内的污染物含量的变化情况,则在每个季节里都应采样。

(10)海洋环境监测误差,按其来源可分为系统误差,随机误差和过失误差。系统误差产生的根源有下列三种:①标准溶液浓度配制错误造成的误差;②计算仪器未经校正造成的误差;③试剂和水的质量不合乎要求造成的误差。随机误差产生的原因主要有:①各次称量、吸取、读数的误差不可能完全相同,量器的误差也不可能完全一致;②消解、分离、富集等各种操作步骤中的损失量或沾污程度不尽相同;③滴定终点的色调判断不可能完全一致;④测量仪器受外界条件的限制,在使用过程中不可能是恒定不变的。过失误差常见的有下列一些例子:①看错取样量,如称样时看错砝码引起的错误称样量等;②样品在加热消解过程中有大量的迸溅损失;萃取分离富集有大量泄漏;③大批样品分析时,某一程序发生错号,严重时将造成众多样品的结果异常;④使用的计算机程序有误又未经审核复算,报出了不正确的数据;⑤算错了富集或稀释倍数,如某实验室把六价铬 0.5mg/L 的浓度错报为 0.25mg/L 等。

(11)海洋环境监测过程中,有时会出现可疑数据和离群数据,这些都对监测质量带来不利影响,为此必须进行处理。

可疑数据的取舍,必须参照下列原则:①仔细回顾和复查产生可疑值的试验过程,如果是过失误差,则可舍弃;②如果未发现过失,则要按统计程序检验,决定是否舍弃。

离群数据判别应按下列准则:①计算的统计量不大于显著性水平 $\alpha = 0.05$ 的临界值,则可能数据为正常数据,应保留;②计算统计量大于 $\alpha = 0.05$ 的临界值,但又小于 $\alpha = 0.01$ 的临界值,此可疑数据为偏离数据,可以保留,取中位数代替平均数值;③计算的统计量大于 $\alpha = 0.01$ 的临界值,此可疑值为离群数据,应予剔除,并对剩余数据继续检验,直到数据中无离群数据为止。

(12)海洋渔业生态环境监测数据库系统分成三大模块,包括数据输入模块、数据统计分析模块和外部数据导入模块。数据输入模块分别提供浮游植物、浮游动物、底栖生物、鱼卵仔鱼、水化学、底质和水文以及污染生物体残留量数据的输入界面;数据统计分析模块有两部分组成,即单航次数据统计分析和多航次数据统计分析;外部数据通过外部数据导入模块转化进入数据库系统。

(13)海洋渔业生态环境监测数据库系统是在全面了解海洋环境监测数据管理现状的基

础上,分析了监测数据特点、数据管理上存在的问题,以及在数据输入和统计上的需求,应用 Access 2000 建立的一个以数据管理为主要目标,辅以常规数据统计分析功能的数据库管理系统。实现了数据管理的系统化为环境管理和决策提供技术支持。

参考文献

[1] 董胜,孔令双.海洋工程环境概论[M].青岛:中国海洋大学出版社,2005.

[2] 傅秀梅,王长云.海洋生物资源保护与管理[M].北京:科学出版社,2008.

[3] 高振会,杨建强,崔文林.海洋溢油对环境与生态损害评估技术及应用.北京:海洋出版社,2005.

[4] 国家海洋局 908 专项办公室.海洋生物生态调查技术规程[M].北京:海洋出版社,2006.

[5] 国家海洋局 908 专项办公室.海洋灾害调查技术规程[M].北京:海洋出版社,2006.

[6] 国家海洋局《海洋污染概况》编写组.海洋污染概况[M].北京:化学工业出版社,1975.

[7] 国家海洋局.海洋监测规范[M].北京:海洋出版社,1991.

[8] 国家海洋局.海洋环境保护与监测[M].北京:海洋出版社,1998.

[9] 国家海洋局.陆源小海排污口及邻近海域生态环境评价指南[M].北京:中国标准出版社,2005.

[10] 贺永华,胡立芳,沈东升,等.污染环境生物修复技术研究进展[N].科技通报,2007.

[11] 黄良民.中国海洋资源与可持续发展[M].北京:科学出版社,2007.

[12] 黄宗国.中国海洋生物种类与分布[M].北京:海洋出版社,2008.

[13] 贾晓平,李纯厚,甘居利,等.南海北部海域渔业生态环境健康状况诊断与质量评价[J].中国水产科学,2005,12(6).

[14] 李凡,张秀荣.人类活动对海洋大环境的影响和保护策略[J].海洋科学,2000.

[15] 李允武.海洋能源开发[M].北京:海洋出版社,2008.

[16] 李振宇,解焱.中国外来入侵种[M].北京:中国林业出版社,2002.

[17] 李正宝,倪成友.中国海洋倾废历史和现状及对策研究[J].海洋环境科学,1989.